YIQI FENXI CAOZUO JISHU

仪器分析操作技术

主　编　高秀蕊　孙春艳

副主编　胡冬梅　肖海燕

编　委　（按姓氏笔画为序）

王　缨　孙春艳　肖海燕

迟玉霞　胡冬梅　高秀蕊

中国石油大学出版社
CHINA UNIVERSITY OF PETROLEUM PRESS

山东·青岛

图书在版编目(CIP)数据

　　仪器分析操作技术/高秀蕊，孙春艳主编. —青岛：中国石油大学出版社，2017.8(2020.7 重印)

　　ISBN 978-7-5636-5653-0

　　Ⅰ.①仪…　　Ⅱ.①高…②孙…　　Ⅲ.①仪器分析

Ⅳ.①O657

　　中国版本图书馆 CIP 数据核字(2017)第 197258 号

书　　　名：仪器分析操作技术
主　　　编：高秀蕊　孙春艳

责任编辑：杨海连(电话　0532—86981535)
封面设计：赵志勇

出　版　者：中国石油大学出版社
　　　　　　(地址：山东省青岛市黄岛区长江西路 66 号　邮编：266580)
网　　　址：http://cbs.upc.edu.cn
电子邮箱：cbsyhl@163.com
排　版　者：胡　影
印　刷　者：青岛国彩印刷股份有限公司
发　行　者：中国石油大学出版社(电话　0532—86983566)
开　　　本：710 mm×1 000 mm　1/16
印　　　张：9.25
字　　　数：181 千字
版 印 次：2017 年 8 月第 1 版　2020 年 7 月第 2 次印刷
书　　　号：ISBN 978-7-5636-5653-0
印　　　数：1 001—2 000 册
定　　　价：35.00 元

Preface

　　本教材是根据教育部《普通高等学校高等职业教育（专科）专业目录（2015）》的要求，以及高职院校药学类专业的教学要求，针对药物生产技术、药品质量与安全、药学、中药等专业的培养目标，结合我国职业教育的特点，由具有企业实践经验的"双师型"教师严格参照 2015 版《中华人民共和国药典》（简称《药典》），按照生产实际操作编写而成。

　　药品食品分析技术中应用最广的是仪器分析技术，"仪器分析操作技术"这门课程要求学生必须具备分析仪器的基本知识，掌握分析仪器的操作技能，注重实践操作，因此本教材的首要任务是贴近岗位要求，体现新方法、新技术和新知识。

　　本教材的主要特点有：

　　1. 实践性强。结合企业的生产实践编写案例，其中很多操作案例是学生在企业实践中分析过的产品，实用性强，贴近生产、生活实际，有利于到企业中进行实践教学。

　　2. 突出职业能力培养。本教材教学内容的岗位针对性强，使用性强，特别注重提高学生的操作技能，利用实验室的仪器条件，学生可以学会简单操作和简单故障处理。

　　3. 增加实训训练的内容，注重校企合作教学。本教材的编写人员大多是具有丰富实践经验的"双师型"教师，实训严格参照 2015 版《药典》，按照生产实际操作编写，保证了教材内容更加贴近岗位要求。

　　4. 优化模块，易教易学。本教材的设计生动活泼，通过"课堂互动""知识拓展"等方式增加了教材的趣味性，有利于师生互动，便于学生自学。同时，为任课老师创新教学模式提供了方便，也为学生拓展知识和技能创造了条件。

　　本教材改变了原有教材篇章多、项目细的状况，内容较为精炼；增加了明确的知识目标和技能目标部分，以利于学生学习和掌握仪器分析知识与技能；为了提高学生的学习兴趣和应用能力,增加了大量的案例。学生通过本教材的学习,除能掌握学生仪器分析基础知识和操作技能外,还能培养分析问题、归纳问题、解决问题的能力和创新思维,提高自学能力。

在本教材编写过程中,得到了院校领导的大力支持,在此表示感谢。由于编者水平有限,教材中难免有疏漏和不妥之处,敬请使用者批评指正。

编 者

2017 年 5 月

Contents

1

模块一　仪器分析基础知识

任务一　仪器分析的特点和分类

一、分析化学的发展和仪器分析的产生

在生活中，可能每个人都接触过药品，这些药品对治疗不同的疾病有不同的疗效，但是这些药品的质量如何？会不会存在质量安全问题？我们可以通过药品的外观、包装等有个大体的判断，但是，很多质量安全问题单凭外观、包装是不可能知道的，必须通过对其进行有效的分析，才能得出药品质量安全的结论。

那么如何对药品进行有效的分析呢？这就必须依靠分析化学的知识，对产品进行全面、科学的检查。分析化学是研究物质化学组成的分析方法、有关理论和技术的一门学科。分析化学作为一种检测手段，在科学领域中起着非常重要的作用，广泛用于科学研究、医药卫生、环境保护和学校教育等方面，尤其在医药卫生方面对保障人们的用药安全有着非常重要的意义。分析化学经过 19 世纪的发展已经基本成熟，不再是各种分析方法的简单堆砌，已经上升到了理论认识阶段，建立了分析化学的基本理论。

20 世纪 40 年代以前，分析化学等同于化学分析。20 世纪 40 年代后，一方面由于生产和科学技术发展的需要，另一方面由于物理学、电子学和精密仪器制造技术的发展，分析化学发生了革命性的变革，仪器分析逐渐占据了重要地位，人们相继研制出光谱分析仪、色谱分析仪、电化学分析仪和质谱分析仪等分析仪器，从而使分析化学进入了仪器分析时代。

以物质的物理性质和化学性质为基础，利用特定的精密仪器来对物质进行分析的方法称为仪器分析。仪器分析能直接或间接地表征物质各种特性的实验现象，如通过传感器、放大器、转化器等转变成人们可以直接感受的关于物质成分、含量的信息。仪器分析充分体现了学科交叉、科学与技术的高度结合，其发展极为迅速，应用前景极为广阔。

▶▶▶ 课堂互动

请同学们说一说你所接触的药品有哪些？如何判定这些药品是否合格？你们知道有哪些仪器用于药品分析吗？

1

二、仪器分析的特点

1. 操作简便、分析速度快

仪器分析自动化程度高，一般配有自动记录装置，操作起来非常简便，并且利用计算机处理数据，分析速度快，一般在几秒或几分钟之内就可完成。

2. 用样量少、灵敏度高

仪器分析样品用量只需微升级或微克级，甚至更低，其绝对灵敏度可达 1×10^{-9}，甚至到 1×10^{-12}，远高于化学分析法，适合于微量、痕量和超痕量成分的测定。

3. 选择性好、准确度高

仪器分析法可以通过选择或调整测定条件，使对共存的组分进行测定时相互间不产生干扰。

4. 应用范围广

仪器分析的应用十分广泛，不仅用于结构分析，还可用于定性分析和定量分析，因此，它被广泛应用于工农业生产和科学研究，特别是化学、物理、生物、医学、环保、冶金、石油化工等领域。在对药物的分析方面，除用于对成品进行分析外，还可用于药物生产过程中的质量分析、体内药物分析等。

仪器分析法可以自成体系，单独使用，也可以和其他方法配合使用。由于精密仪器价格高昂，使用技术比较复杂，因此普及比较困难。另外，在进行仪器分析之前，往往需要用化学方法对样品进行一些前处理，可见仪器分析法和化学分析法是相互配合、相辅相成的。

课堂互动

请说一说仪器分析的特点。

三、仪器分析的分类

物质的物理或化学性质是多种多样的，根据分析原理的不同，通常将仪器分析法分为光学分析法、色谱分析法、电化学分析法和其他仪器分析法。

1. 光学分析法

光学分析法是利用物质的光学性质进行分析的方法，主要有紫外-可见分光光度法、红外分光光度法、原子吸收分光光度法、荧光分析法、发射光谱分析法、核磁共振波谱法和旋光度测定法等。

2. 色谱分析法

色谱分析法是利用样品中各组分在互不相溶的两相(固定相和流动相)中的吸附能力或溶解度、分配系数、排阻、离子交换等性质的差异而建立的分离分析方法，主要有薄层色谱法、纸色谱法、气相色谱法和高效液相色谱法等。

3. 电化学分析法

电化学分析法是根据电化学原理和溶液的电化学性质而建立的一类分析方法。这类方法通常是将待测的样品溶液与适当的电极构成化学电池,通过测量电池的某些参数的变化等对物质进行分析。在药品检验中主要有 pH 测定法、电位滴定法和永停滴定法。

4. 其他仪器分析法

其他仪器分析法是利用物质的其他物理或化学性质进行分析的方法,比如质谱分析法、热重法、放射分析法和核磁共振波谱法等。

任务二　仪器分析的应用和发展趋势

一、仪器分析的应用

近年来,仪器分析发展迅速,新方法、新技术、新仪器层出不穷,其应用也日益普遍,被广泛应用于生产、生活和科学研究的各个方面。

1. 在工业分析中的应用

仪器分析在工业原料、中间体、成品分析方面发挥着无法替代的作用。

紫外-可见分光光度法、红外分光光度法、高效液相色谱法、气相色谱法在化学工业生产和科研中有着广泛应用,比如石油中多环芳烃的测定用高效液相色谱法。仪器分析在药学分析中的地位也日益突出,如在药物的结构分析、成分分析和中草药分析中,广泛采用红外分光光度法、紫外-可见分光光度法、气相色谱法和高效液相色谱法。在人们的日常生活中,食品安全也一直受到关注,在食品分析中除了采用化学法外,同样广泛采用紫外-可见分光光度法、原子吸收分光光度法、气相色谱法和薄层色谱法等,如用薄层扫描仪测定农产品中的农药残留及其他有机化合物。

2. 在环境分析中的应用

环境污染对人类的生存和发展造成不利影响,尤其是随着科学技术的发展和人民生活水平的提高,环境污染也在加剧,环境污染问题越来越成为世界各国的共同课题。环境污染物的含量通常较低,这样仪器分析就发挥着极其重要的作用,比如用原子荧光色谱法来测定工业废水中的汞污染。

3. 在科学研究中的应用

仪器分析是一种分析测试方法,同时也是进行科学研究的手段,如在现代生物医学研究中解释生命遗传之谜,在农林科学研究中揭示土壤成分。现代分析技术为科学研究提供基础,同时又在科学技术的发展中不断改进。

二、仪器分析的发展趋势

科学技术的发展、生产的需要和人们生活水平的提高对分析化学提出了新的要求,随着仪器分析在分析化学中比重的不断提高,它将出现以下发展趋势:

1. 方法创新

创新方法,进一步提高仪器分析法的灵敏度、选择性和准确性。

2. 仪器微型化、智能化

随着计算机技术、微制造技术、纳米技术和新功能材料等高新技术的发展,分析仪器不但会具有越来越强大的"智能",实现分析操作自动化和智能化,而且分析仪器越来越小型化、微型化。

3. 新型动态分析检测和非破坏性检测

运用先进的技术和分析原理,研究并建立有效而实用的实时、在线和高灵敏度、高选择性的新型动态分析检测和非破坏性检测将是 21 世纪仪器分析发展的主流。

4. 仪器分析更灵敏、更准确、更高选择性

随着科学技术的发展和要求的提高,许多新的微量、痕量分析方法不断出现,仪器分析方法的选择性、灵敏度也不断提高。

5. 多种方法联用分析技术

仪器分析多种方法的联合使用可以使每种方法的优点得以发挥,每种方法的缺点得以补救。联用分析技术已成为当前仪器分析的重要发展方向。

6. 仪器分析的应用日益拓展

现代仪器分析的发展已不局限于将待测组分分离出来进行表征和测量,而是成为一门为物质提供尽可能多的化学信息的科学技术。随着科学技术的发展,新的科技成果被陆续引进现代分析中,新的仪器、新的分析方法将不断涌现,其应用拓展趋势将更加显著。

模块二　光谱分析技术

项目一　紫外-可见分光光度法

知识目标
ZHISHIMUBIAO

1. 了解紫外-可见分光光度法的基本知识。
2. 熟悉紫外-可见分光光度计的构造、维护及注意事项。
3. 掌握利用紫外-可见分光光度计进行定性、定量分析的方法。

技能目标
JINENGMUBIAO

1. 按照标准操作规程操作紫外-可见分光光度计,完成样品的检验工作。
2. 按照标准操作规程对紫外-可见分光光度计进行保养和维护。
3. 正确配制样品溶液和参比溶液,能规范地填写原始记录与检验报告。

任务一　头孢克洛吸收系数的检查

一、头孢克洛吸收系数测定(《药典》描述)

本品为 β-内酰胺类抗生素,头孢菌素类。取本品,精密称定,加水溶解并稀释制成每 1 mL 中约含 20 μg 的溶液,按照分光光度法(2015 年版《药典》通则 0401),在 264 nm 的波长处测定吸光度,其百分吸收系数 $E_{1\,cm}^{1\%}$ 值为 230~255。

二、操作步骤

1. 开机

插上紫外-可见分光光度计的电源,打开电源开关,预热大约 20 min。

2. 供试品溶液的制备

取本品,精密称定(约 20 mg),置于 100 mL 容量瓶中,加水溶解并稀释至刻度,摇匀,精密量取 1 mL 并加水稀释至 10 mL,摇匀。

3. 测定

在紫外-可见分光光度计的菜单栏中选择波长为 264 nm,校零;加溶剂(水)至石英吸收池,放入样品室做空白校正;将供试品溶液放入另一配对的吸收池,测定吸光度 A。

三、结果计算

按照吸收系数的计算公式计算,此系数值应为 230～255。

$$E_{1\,cm}^{1\%}=\frac{A}{cl} \tag{2-1}$$

式中: $E_{1\,cm}^{1\%}$——百分吸收系数,单位为 100 mL/(g·cm);

A——吸光度;

c——溶液的质量浓度,单位为 g/100 mL;

l——液层的厚度,单位为 cm。

▶▶ 课堂互动

(1) 测定时,吸收池是怎样配对的?

(2) 使用时,用什么样的纸擦除吸收池外壁沾有的水珠? 如何擦除?

任务二　紫外-可见分光光度法基本知识

头孢克洛吸收系数的测定是紫外-可见分光光度法在具体药物分析中的典型例子。下面具体介绍紫外-可见分光光度法的基本知识。

分光光度法是根据物质对一定波长光线的吸收程度来确定物质含量的分析方法。分光光度法包括紫外-可见分光光度法和红外分光光度法。紫外-可见分光光度法主要应用于物质的定性分析和定量分析:在定性上,不仅可以鉴别具有不同官能团和化学结构的不同化合物,而且可以鉴别结构相似的不同化合物;在定量上,不仅可以进行单一组分的测定,而且可以对多种不经分离的混合组分进行同时测定。红外分光光度法将在下一个项目中具体介绍。

一、紫外-可见分光光度法简述

1. 光

光是一种具有辐射作用的电磁波,将光按照波长顺序排列得到的序列称为电磁波谱,将电磁波谱划分为不同的区域称为光谱区域(表 2-1)。

表 2-1　光谱区域

λ	0.1~10 nm	10~200 nm	200~400 nm	400~760 nm	0.76~2.5 μm	2.5~25 μm	25~1 000 μm	1 mm~1 m
光谱区域	X 射线	远紫外光	紫外光	可见光	近红外光	中红外光	远红外光	微波

　　常用波长来表示各种不同的电磁辐射。人们日常所看到的日光、白炽光只是电磁波一个很小的波段,将人眼所能看见的这部分波段称为可见光。在可见光中,波长最短的是紫光,稍长的是蓝光,之后的顺序是青光、绿光、黄光、橙光和红光,其中红光的波长最长。

　　光是以波的形式在空间高速传播的粒子流,具有波粒二象性。光的波动性用波长 λ、光速 c 和频率 ν 描述,$\nu = c/\lambda$;光的微粒性用光子能量描述,光子能量 $E = h\nu = hc/\lambda$。波长越短,光子具有的能量越大。

　　相同波长组成的光称为单色光,不同波长组成的光称为复合光,将复合光分离出单色光的操作称为色散。

　　2. 紫外-可见分光光度法

　　紫外-可见分光光度法是通过测定被测组分在紫外-可见光区的特定波长处或一定波长范围内的吸光度进行定性、定量分析的光学分析方法。

　　3. 紫外-可见分光光度法的特点

　　(1) 灵敏度高。

　　紫外-可见分光光度法适用于测定微量组分,被测组分的最低浓度为 10^{-7}~10^{-5} mol/L,相当于含 0.000 01%~0.001% 的被测组分。

　　(2) 有一定的准确度。

　　一般紫外-可见分光光度法的相对误差为 2%~5%。对常量组分,其准确度不如滴定分析法,但对微量组分,紫外-可见分光光度法则完全能满足要求。

　　(3) 操作简便,测定快速。

　　紫外-可见分光光度法的仪器设备均不复杂,操作简便。如果采用灵敏度高、选择性好的显色剂,再采用适宜的掩蔽剂消除干扰,有些样品就可不经分离直接测定。完成一个样品的测定一般只需要几分钟到十几分钟,甚至更短。

　　(4) 应用范围广。

　　几乎所有的无机离子和许多有机化合物均可直接或间接地用紫外-可见分光光度法测定。因此,紫外-可见分光光度法已经发展成为生产、科研、医药卫生、环境检测等应用部门的一种不可缺少的检测手段。

二、吸收光谱曲线

1. 吸收光谱曲线

吸收光谱曲线又称吸收光谱。紫外-可见吸收光谱是分子中的价电子在不同的分子轨道之间跃迁而产生的。将不同波长的单色光依次通过一定浓度的溶液,测量每一波长下溶液对各种单色光的吸收程度(吸光度 A),然后以波长(λ)为横坐标,以吸光度(A)为纵坐标作图,即可得吸收光谱曲线,如图 2-1 所示。

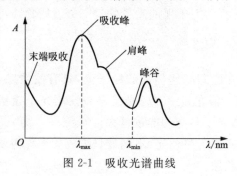

图 2-1　吸收光谱曲线

吸收峰:曲线上比左右相邻处都高的一处;

λ_{max}:吸收程度最大时所对应的 λ(曲线最大峰处的 λ);

峰谷:峰与峰之间吸光度最小的位置;

λ_{min}:峰谷所对应的 λ;

肩峰:介于峰与谷之间,形状像肩的弱吸收峰;

末端吸收:在吸收光谱短波长端所呈现的强吸收而不呈峰形的部分。

▶▶ 课堂互动

请同学们指出最大吸收波长、最小吸收波长、肩峰所处波长的位置。

2. 影响吸收光谱曲线的因素

(1)物质本身的性质。

不同的物质内部结构不同,引起能级跃迁所需要的能量不同,吸收不同波长的光,吸收光谱曲线的形状也不同。因此,在分光光度法中,将吸收光谱曲线作为定性的依据。

(2)浓度。

物质的浓度越高,吸收光的程度越大,吸收光谱曲线越高;物质的浓度越低,吸收光的程度越小,吸收光谱曲线越低。图 2-2 为不同浓度的 $KMnO_4$ 溶液对光的吸收光谱曲线。因此,在紫外-可见分光光度法中,可以根据同一物质吸收光谱曲线的高低作为定量的依据。

(3)其他。

溶剂、温度、仪器的性能对吸收光谱曲线也会产生一定的影响。

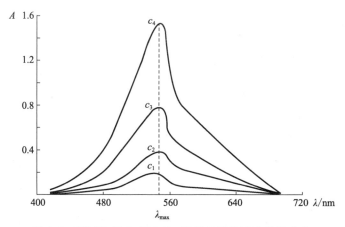

图 2-2　不同浓度的 $KMnO_4$ 溶液对光的吸收光谱曲线

三、光的吸收定律

紫外光区的波长范围为 13.6～400 nm,其中波长小于 200 nm 的称为远紫外光,波长为 200～400 nm 的称为近紫外光。可见光区的波长范围为 400～760 nm。

1. 透光率与吸光度

(1) 透光率。

当入射光强度 I_0 一定时,溶液吸收光的强度 I_r 越大,则溶液透过光的强度 I_t 就越小,反之亦然(图 2-3)。因此,用 I_t/I_0 的比值表示光线透过溶液的强度,称为透光率(或透光度),用符号 T 表示,其数值常用百分数表示,即

$$T = \frac{I_t}{I_0} \times 100\% \tag{2-2}$$

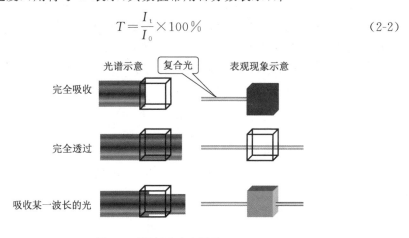

图 2-3　溶液透过光图示

(2) 吸光度。

透光率 T 的倒数 $1/T$ 反映了物质对光的吸收程度,即吸光度,实际应用时,则取它的对数 $\lg(1/T)$ 作为吸光度,用符号 A 表示。

（3）透光率与吸光度的关系。

$$A=\lg\frac{1}{T}=\lg\frac{I_0}{I_t} \quad 或 \quad A=-\lg T \qquad (2\text{-}3)$$

▶▶ 课堂互动

透光率和吸光度是如何转换的？

2. 光的吸收定律（Lambert-Beer 定律）

（1）Lambert 定律。

浓度 c 一定时，物质的吸光度 A 与液层厚度 l 成正比，即 $A=K_1l$。

（2）Beer 定律。

液层厚度 l 一定时，物质的吸光度 A 与浓度 c 成正比，即 $A=K_2c$。

（3）Lambert-Beer 定律。

当一束平行的单色光通过均匀、无散射现象的溶液时，在单色光强度、溶液温度等条件不变的情况下，溶液的吸光度 A 与溶液的浓度 c 和液层厚度 l 的乘积成正比，即 $A=Kcl$。

▶▶ 课堂互动

Lambert-Beer 定律与哪些因素有关？

3. 光的吸收定律的适用范围

光的吸收定律不仅适用于有色溶液，也适用于无色溶液及气体和固体的非散射均匀体系；不仅适用于可见光区的单色光，也适用于紫外和红外光区的单色光。但应注意：此定律仅适用于一定范围的低浓度溶液和单色光。溶液浓度过高时，透光性质会发生变化，从而使溶液的吸光度与溶液浓度不成正比关系；波长较宽的混合光影响光的互补吸收，也会使测定产生误差。

四、常用术语

1. 生色团

有机化合物分子结构中通常含有 $\pi\rightarrow\pi^*$ 和 $n\rightarrow\pi^*$ 跃迁的基团，$\pi\rightarrow\pi^*$ 和 $n\rightarrow\pi^*$ 跃迁能够在 $200\sim800$ nm 波长处产生吸收，这种吸收具有波长选择性，即吸收某种波长的光而不吸收另外波长的光，从而使物质显现颜色，这种基团称为生色团。简单的生色团由双键或三键体系组成，如乙烯基、羰基、偶氮基（—N≡N—）、乙炔基、亚硝基、腈基（—C≡N）等。

2. 助色团

含有非键电子的杂原子饱和基团（如—OH、—OR、—NH₂、—NHR、—X 等）本身没有生色功能（不能吸收 $\lambda>200$ nm 的光），但当它们与生色团相连时，就会发生 n-π 共轭作用，增强生色团的生色能力（吸收波长向长波方向移动，且吸收强度增加),这样的基团称为助色团。

3. 红移与蓝移

有机化合物的吸收谱带常因引入取代基或改变溶剂使最大吸收波长 λ_{max} 和吸收强度发生变化。

λ_{max} 向长波方向移动称为红移,向短波方向移动称为蓝移(或紫移)。吸收强度增大或减小的现象分别称为增色效应或减色效应,如图 2-4 所示。

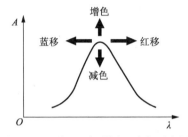

图 2-4 红移、蓝移、增色、减色示意图

任务三 紫外-可见分光光度计

紫外-可见分光光度计是一种在紫外-可见光区可任意选择不同波长的光测定吸光度的仪器。它的类型很多,其基本构造都是类似的,通常由 5 大部分组成,即光源、单色器、吸收池、光敏检测器和信号处理及显示(读数)装置。

一、紫外-可见分光光度计的组成及功能

1. 光源

紫外-可见分光光度计要求使用具有连续光谱的光源。可见光区的光源一般用钨灯(灯泡内含有碘和溴的低压蒸气,可延长钨丝的寿命),如图 2-5 所示,其发射波长范围为320~1 000 nm,使用波长为 360~1 000 nm。紫外光区的光源一般用氢灯或氘灯,现在仪器多用氘灯(灯泡由石英窗或石英灯管制成),如图 2-6 所示,其发射波长范围为 150~400 nm,使用波长为 200~360 nm。

图 2-5 钨灯

图 2-6 氘灯

2. 单色器

单色器的作用是将从光源发出的连续光谱中分离出所需要的单色光,它是分光光度计的关键部件。其中,色散元件有棱镜和衍射光栅,早期的仪器多用棱镜,近年来多用光栅。棱镜是利用不同波长的光在棱镜内折射率的不同,将复合光色散为单色光。衍射光栅(简称光栅)是利用光学中的单缝衍射和双缝干涉的现象进行色散的。紫外-可见分光光度计的光路示意图如图 2-7 所示。

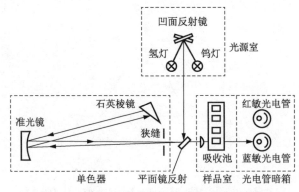

图 2-7　紫外-可见分光光度计的光路示意图

3. 吸收池

吸收池又称比色皿,如图 2-8 所示,其制备的材料有玻璃和石英两种。玻璃吸收池与石英吸收池均可用于可见光区的测定,但紫外光区的测定必须使用石英吸收池,因为玻璃能吸收紫外光。吸收池的厚度有 0.5 cm、1 cm、2 cm、4 cm 等不同规格。吸收池的两光面易损蚀,应注意保护。

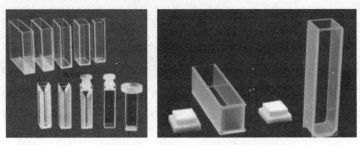

图 2-8　吸收池(比色皿)

▶▶▶ 课堂互动

请各位同学试测定维生素 B_1 的含量,其测定波长为 246 nm 时应选哪种吸收池?

4. 光敏检测器

光敏检测器的作用是将接受的光辐射信号转换为相应的电信号,以便于测量。

常用的光敏检测器有光电池(图 2-9)、光电管(图 2-10)和光电倍增管(图 2-11)。目前,国产的光电管有紫敏光电管和红敏光电管。其中,紫敏光电管为铯阴极,适用波长为 200～625 nm;红敏光电管为银氧化铯阴极,适用波长为 625～1 000 nm。

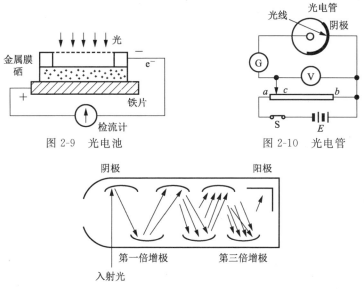

图 2-9　光电池　　　　　　　　　图 2-10　光电管

图 2-11　光电倍增管

5. 讯号处理及显示(读数)装置

显示(读数)装置的作用是检测电流的大小,并将有关分析数据显示或记录下来,如图 2-12 所示。一般显示透光率与吸光度,有的还可以转换成浓度、吸收系数等数据。

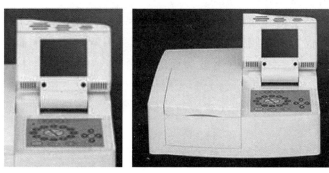

图 2-12　显示(读数)装置

二、紫外-可见分光光度计的结构示意图

紫外-可见分光光度计的结构示意图如图 2-13 所示。

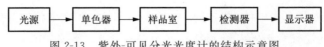

图 2-13　紫外-可见分光光度计的结构示意图

三、紫外-可见分光光度计测量吸光度的步骤

1. 打开样品室盖,取出干燥剂

插上电源,打开开关。选择测量所需波长,预热 30 min。

2. 吸收池装溶液

先用纯化水清洗吸收池(手持毛面),然后将参比液倒入吸收池中,并用擦镜纸或丝绸沿吸收池光面自上而下擦拭干净。将吸收池的光面对准光路放入吸收池架。用同样的方法将所测样品装到其余的吸收池中,并放入吸收池架中。

3. 调零

开始测量时要先调节仪器的零点,其方法为:将装有参比液的吸收池拉入光路,关上样品室盖,按"A/T/C/F"键,选择"T%"状态,保持在"T%"状态,屏幕应显示"100.0",否则按"100%"键。按"A/T/C/F"键,调到"Abs",屏幕显示"0.000",否则按"0%"键。重复上述操作 2～3 次,仪器本身的零点即调好,可以开始测量。将测试样品一一拉入光路,记下测量数值即可。

4. 结束

测量完毕后,将吸收池清洗干净,擦干后放回盒子,并将干燥剂放回样品室内。关上开关,拔下电源,罩上仪器罩。

四、紫外-可见分光光度计的使用注意事项

(1) 使用前仪器需开机预热 30 min。

(2) 开关样品室盖时动作要轻缓。

(3) 不要在仪器上方倾倒测试样品,以免样品污染仪器表面,损坏仪器。

(4) 取吸收池时,手指应拿毛玻璃面的两侧;装盛样品以池体的 3/4～4/5 为宜,使用挥发性溶液时应加盖;透光面要用擦镜纸自上而下擦拭干净,检视应无溶剂残留。吸收池放样品室时应注意方向相同。使用完毕后用乙醇或水冲洗干净,晾干,防尘保存。

(5) 在使用不同型号的仪器前必须仔细阅读操作说明书,熟悉操作步骤。

(6) 使用的吸收池必须洁净,并注意配对使用。容量瓶、移液管均应校正、洗净后再使用。

五、仪器的日常保养和维护、常见故障诊断及排除方法

电源、环境等均会对仪器使用造成一定的影响,如仪器使用一段时间后,内部可能会积累一定量的灰尘,从而影响机械系统的灵活性,降低各种开关、按键、光电

耦合器的可靠性等,因此必须定期清洁环境和对仪器进行定期维护。

1.对电源的要求

紫外-可见分光光度计是一种精密的分析仪器,它对电源的要求较高。在分析测试时,若电压不稳定,可使用稳压器。

2.对环境的要求

环境是影响紫外-可见分光光度计稳定性的主要因素之一,环境因素包括电磁场、温度、灰尘、震动等。一般来讲,安装紫外-可见分光光度计的房间应远离电磁场。紫外-可见分光光度计不允许受潮,否则将会使有关的元器件受损或性能变差,影响仪器的稳定性。因此,安装仪器的房间要求干净、通风、防尘。另外,为避免影响仪器的使用寿命,紫外-可见分光光度计不能安装在太阳直接晒到的地方。

对环境要求很高的紫外-可见分光光度计,如美国 PE 公司的 Lambda 900 或 Varian 公司的 Cary 6000 等仪器,由于其价格高昂、技术指标高,为保证其性能,安放仪器的工作台应具有防震功能。

3.仪器的日常保养和维护

紫外-可见分光光度计是精密的光学仪器,使用时要注意日常保养和维护,除卫生清洁工作外,还要注意以下几点:

(1)经常开机。

如果仪器不是经常使用,最好每星期开机 1～2 h。一方面可避免光学元件和电子元件受潮,另一方面还可保持各机械部件不会生锈,从而保证仪器正常运转。

(2)经常校验仪器的技术指标。

一般每半年检查一次,最好每个季度检查一次,最少一年要检查一次。仪器出现问题时,一定要通知制造厂的维修工程师及时维修,不能让仪器"带病"工作,否则会使测试的数据不准确,还会进一步损坏仪器。

(3)保证机械活动部件活动自如。

紫外-可见分光光度计有光栅的扫描结构、狭缝的传动结构、光源的转换结构等许多活动部件。使用者对这些活动部件应经常加一些钟表油,以保证其活动自如,也可请制造厂的维修工程师或有经验的工作人员帮助完成。

4.常见故障诊断、排除方法

紫外-可见分光光度计是由光学部分、机械部分、电子元件等部分组成的。光学部分有受潮发霉、性能变坏的可能,机械部分有磨损的问题,电子元件有老化问题等,因此,元器件不可能永远不出故障。使用者应掌握一般的故障诊断和排除方法,如表 2-2 所示。

表 2-2　紫外-可见分光光度计常见的故障及其排除方法

常见故障	故障排除方法
打开主机后,发现不能自检,主机风扇不转	1. 检查电源开关是否正常; 2. 检查保险丝(或更换保险丝); 3. 检查计算机主机与仪器主机的连线是否正常
自检时,某项不通过,或出现错误信息	1. 关机后稍等片刻再开机重新自检; 2. 重新安装软件后再自检; 3. 检查计算机主机与仪器主机的连线是否正常
自检时出现"钨灯能量低"的错误	1. 检查光源室有无挡光物; 2. 打开光源室盖,检查钨灯能否点亮,如果钨灯不亮,则关机,更换新钨灯; 3. 开机重新自检; 4. 重新安装软件后再进行自检
自检时出现"氘灯能量低"的错误	1. 检查光源室有无挡光物; 2. 打开光源室盖,检查氘灯能否点亮,如果氘灯不亮,则关机,更换新氘灯(换氘灯时要注意型号); 3. 检查氘灯保险丝(一般为 0.5 A),看有无松动、氧化、烧断现象,如果有故障,则应立即更换; 4. 开机重新自检; 5. 重新安装软件后再进行自检
波长不准,且发现波长有平移	1. 检查计算机与仪器主机的连线有无松动; 2. 检查电源电压是否符合要求(电源电压过高或过低都可能产生波长平移现象); 3. 重新自检; 4. 如果还是不行,则打开仪器,用干净的小毛刷蘸干净的钟表油刷洗丝杆
测量时吸光度值很大	1. 检查样品的浓度是否过高; 2. 检查光源室有无挡光物(波长设置在 546 nm 左右,用白纸在样品室观察光斑); 3. 检查光源能否点亮; 4. 关机,开机重新自检; 5. 检查电源电压是否太低; 6. 重新安装软件
吸光度或透过率的重复性差	1. 检测样品有无光解(光化学反应); 2. 检查样品的浓度是否过低; 3. 检查吸收池是否被沾污; 4. 测试时光谱带是否太小; 5. 周围有无强电磁场干扰

常见故障	故障排除方法
程序保护错误	1. 检查操作有无错误； 2. 关闭其他程序； 3. 检查有无计算机病毒； 4. 关机,开机重新自检； 5. 请有关专业人员解决
钨灯是好的,但是自检时出现"钨灯能量高"的错误	1. 检测钨灯电源电压是否超过13 V； 2. 检测计算机有无病毒； 3. 重新安装软件,重新自检； 4. 检查计算机与仪器主机的连线
氘灯是好的,但是自检时出现"氘灯能量高"的错误	1. 检测氘灯电源电流是否超过350 mA； 2. 检测计算机有无病毒； 3. 重新安装软件,重新自检； 4. 检查计算机与仪器主机的连线
出现怪峰	1. 样品有无问题； 2. 检查吸收池是否被沾污； 3. 光栅上有无污点； 4. 光学元件是否被沾污； 5. 狭缝上有无灰尘； 6. 周围有无电磁场干扰

5. 吸收池的沾污问题

在日常的分析工作中,许多科技工作者不大重视吸收池的沾污问题,其实实际工作中,吸收池的沾污问题比较常见,它会严重影响分析测试的结果。

（1）鉴别吸收池被沾污的方法。

① 肉眼观察吸收池的通光面。主要是查看吸收池的通光面上有无污点。如果有污点,应立即清除掉,可用高级擦镜纸、软的毛笔等柔软的物质擦除。特别注意的是,不能用易掉毛的工具（如劣质纸、劣质棉花等）擦拭吸收池的受光面,否则细毛掉在吸收池的受光面上,会影响分析测试数据的准确性。

② 查看仪器是否出现怪峰。如果仪器莫名其妙地出现一些怪峰,经过检查又没有什么故障,则基本上可以判断是吸收池被沾污所致。

③ 认真查看试样。如果分析测试数据不稳定或不准确,应先查看仪器是否在近期分析过浓度特别高或黏着力很强的试样,如果没有,且仪器没有故障,就有可能是吸收池被沾污。

（2）如何解决吸收池沾污的问题。

若紫外-可见分光光度计的吸收池被沾污，则一般有以下两种解决方法：

① 用洗液清洗。当发现吸收池被沾污时，可用洗液清洗。

② 用超声波清洗。当发现吸收池被沾污时，可用功率为 20 W 的超声波清洗 0.5 h，一般都能解决问题。但是要特别注意，不能用大功率超声波来清洗吸收池，否则会损坏吸收池。

▶▶ 课堂互动

如何清洗被沾污的吸收池？

任务四　紫外-可见分光光度法的定性、定量分析及应用

一、吸收系数

1. 概念

吸收系数是指吸光物质在单位浓度及单位液层厚度时对某一波长单色光的吸光度，即 $K = A/cl$。

2. 表示形式

（1）摩尔吸收系数。

在一定波长时，溶液浓度为 1 mol/L，液层厚度为 1 cm 时的吸光度，用符号 ε 表示。

$$\varepsilon = \frac{A}{cl} \tag{2-4}$$

式中：　ε——摩尔吸收系数，单位为 L/(mol·cm)；

　　　　A——吸光度；

　　　　c——溶液的浓度，单位为 mol/L；

　　　　l——液层的厚度，单位为 cm。

（2）百分吸收系数。

在一定波长时，溶液的质量分数为 1%[质量浓度为 g/(100 mL)]，液层厚度为 1 cm 时的吸光度，用 $E_{1\,cm}^{1\%}$ 表示，其单位是 100 mL/(g·cm)，$E_{1\,cm}^{1\%} = \frac{A}{cl}$，见式(2-1)。

（3）二者的关系。

$$\varepsilon = E_{1\,cm}^{1\%} \times \frac{M}{10} \tag{2-5}$$

式中：　M——吸光物质的摩尔质量。

吸收系数在一定条件下是一个常数，它与入射光的波长、物质的性质、溶剂、温度及仪器的质量等因素有关。它的数值越大，表明有色溶液对光越容易吸收，测定

的灵敏度就越高。一般 ε 值在 10^3 以上即可进行分光光度测定。因此,吸收系数是定性分析和定量分析的重要依据。

▶▶ 课堂互动

什么是百分吸收系数? 百分吸收系数与摩尔吸收系数是怎样换算的?

3. 应用与实例

例1　有一浓度为 2.5×10^{-4} mol/L 的高锰酸钾溶液,在 525 nm 波长处的摩尔吸收系数为 3 200 L/(mol·cm),当吸收池的厚度为 1 cm 时,求其吸光度及透光率。

解
$$A = \varepsilon c l = 3\ 200 \times 2.5 \times 10^{-4} \times 1 = 0.800$$
$$A = -\lg T = 0.800$$
$$T = 15.8\%$$

例2　有一浓度一定的溶液,用厚度为 1 cm 的吸收池进行测定时,其透光率为 60%,若改用厚度为 2 cm 的吸收池进行测定,求其吸光度和透光率。

解　用 1 cm 的吸收池进行测定时,有:
$$A = -\lg T = -\lg 0.60 = 0.222$$

改用 2 cm 的吸收池进行测定,有:
$$A' = 2A = 2 \times 0.222 = 0.444$$
$$A' = -\lg T'\quad 即\ 0.444 = -\lg T' \Rightarrow T' = 36.0\%$$

例3　取质量浓度为 1 mg/mL 的维生素 B_{12} 注射液 5 mL,置于 200 mL 容量瓶中,加水稀释至刻度,摇匀,作为供试品溶液。在 361 nm 波长处,以 1 cm 吸收池照紫外-可见分光光度法(2015 年版《药典》通则 0401)测得的吸光度为 0.517,已知维生素 B_{12} 的摩尔质量为 1 355.38 g/mol,求其 $E_{1\ cm}^{1\%}$ 和 ε。

解
$$E_{1\ cm}^{1\%} = \frac{A}{cl} = \frac{0.517}{1 \times 10^{-3} \times \dfrac{5}{200} \times 100 \times 1} = 207$$

$$\varepsilon = E_{1\ cm}^{1\%} \times \frac{M}{10} = 207 \times \frac{1\ 355.38}{10} = 28\ 056$$

二、定性鉴别

1. 对比吸收光谱特征数据

常用于鉴别的光谱特征数据有最大吸收波长 λ_{max} 和吸收系数。不同的化合物可能有相同的 λ_{max} 值,但因相对分子质量不同,其 $E_{1\ cm}^{1\%}$ 值有明显差异。因此,$E_{1\ cm}^{1\%}$ 作为化合物的特性常数,常用于药物鉴别。

如取贝诺酯适量,精密称定,加无水乙醇溶解并定量稀释,制成每 1 mL 中约含 7.5 μg 的溶液,照紫外-可见分光光度法(2015 年版《药典》通则 0401)测定,在 240 nm 的波长处有最大吸收。在 240 nm 的波长处测定吸光度,按干燥品计算,百

分吸收系数 $E_{1\text{ cm}}^{1\%}$ 值为 730~760。

2. 对比吸收光谱

鉴别时,可通过比较试样和标准品吸收光谱的一致性来判断是否为同一种物质。只有在光谱曲线完全一致的情况下,才可能判定是同一物质;若光谱曲线有差异,则试样与标准品并非同一物质。但该方法有一定的局限性,即物质的吸收光谱即使完全相同,也不一定是同一种物质,所以还应再比较吸收系数才能得出较为肯定的结论。

3. 对比吸光度或吸收系数的比值

有些药物的吸收峰较多,各峰对应的吸光度或吸收系数的比值是一定的,可作为鉴别的标准。

如取硝西泮适量,加无水乙醇制成每 1 mL 中含 8 μg 的溶液,照紫外-可见分光光度法(2015 年版《药典》通则 0401)测定,在 220 nm、260 nm 与 310 nm 的波长处有最大吸收。260 nm 波长处的吸光度与 310 nm 波长处的吸光度的比值应为 1.45~1.65。

三、纯度检查

药物的吸收光谱与所含杂质的吸收光谱有差别时,可用紫外-可见分光光度法检查杂质。

1. 杂质的检查

若药物在紫外光区或可见光区某波长处无吸收,而杂质有吸收,则杂质可直接被检测出来。若药物在紫外光区或可见光区某波长处有较强吸收,而杂质无吸收或吸收较弱,则与纯品相比百分吸收系数降低;反之,如果药物的吸收弱于杂质的吸收,则与纯品相比百分吸收系数上升。

2. 杂质限量的检查

对于药物中的杂质,需要制定一个允许其存在的限量。如肾上腺素中酮体的检查方法:取肾上腺素适量,加入盐酸溶液(9→2 000),配成质量浓度为2.0 mg/mL 的溶液,于 310 nm 的波长处测得的吸光度应不得大于 0.05。

四、含量测定

1. 吸收系数法

利用待测物质的吸收系数与已测得的一定浓度时的吸光度进行比较来计算含量的方法。《药典》采用 $E_{1\text{ cm}}^{1\%}$ 值来表示,该值是目前应用最多、最普遍的方法。

《药典》规定的吸收系数系指 $E_{1\text{ cm}}^{1\%}$,即在指定波长时,光路长度为 1 cm,试样质量浓度[g/(100 mL)]换算为质量分数为 1％时的吸光度值。故应先算出被测样品的 $E_{1\text{ cm}}^{1\%}$ 值,再与规定的 $E_{1\text{ cm}}^{1\%}$ 值进行比较,即可计算出样品的百分含量。

$$w(样品)=\frac{E_{1\,cm}^{1\%}(样品)}{E_{1\,cm}^{1\%}(标准品)}\times100\% \tag{2-6}$$

式中：　$E_{1\,cm}^{1\%}(样品)$——计算出的样品的百分吸收系数；

　　　　$E_{1\,cm}^{1\%}(标准品)$——《药典》或药品标准中规定的百分吸收系数。

例 4　称取对乙酰氨基酚（$C_8H_9NO_2$）0.041 0 g，置于 250 mL 容量瓶中，加入质量分数为 0.4％的氢氧化钠溶液 50 mL，加水稀释至刻度，摇匀。从中取 5 mL 置于100 mL 容量瓶中，加质量分数为 0.4％的氢氧化钠溶液 10 mL，加水稀释至刻度，摇匀。照紫外-可见分光光度法（2015 年版《药典》通则 0401），用 1 cm 厚的吸收池测得 257 nm 波长处的吸光度为 0.580，$C_8H_9NO_2$ 的百分吸收系数 $E_{1\,cm}^{1\%}$ 值为 715，计算其百分含量。

解　　　$$E_{1\,cm}^{1\%}(样品)=\frac{A}{cl}=\frac{0.580}{\dfrac{0.041\,0}{250}\times\dfrac{5}{100}\times100\times1}=707$$

$$w(对乙酰氨基酚)=\frac{E_{1\,cm}^{1\%}(样品)}{E_{1\,cm}^{1\%}(标准品)}\times100\%=\frac{707}{715}\times100\%=98.9\%$$

2. 对照品比较法

按各品种项下的规定，分别配制供试品溶液和对照品溶液，对照品溶液中所含被测组分的量应为供试品溶液中被测组分标示量的 100％±10％以内，用同一溶剂在规定的波长处测定供试品溶液和对照品溶液的吸光度。

可根据供试品溶液及对照品溶液的吸光度与对照品溶液的浓度以正比法计算出供试品溶液的质量浓度，再计算含量，如式(2-7a)、式(2-7b)所示。

$$\frac{A_x}{A_R}=\frac{c_x}{c_R} \tag{2-7a}$$

$$c_x=\frac{A_x}{A_R}\times c_R \tag{2-7b}$$

式中：　c_x——供试品溶液的质量浓度，单位为 g/mL；

　　　　A_x——供试品溶液的吸光度；

　　　　c_R——对照品溶液的质量浓度，单位为 g/mL；

　　　　A_R——对照品溶液的吸光度。

例 5　精密称取高锰酸钾试样和高锰酸钾对照品各 1.000 0 g，分别溶于纯化水并稀释至 500 mL。分别取所配溶液 10 mL，用纯化水稀释至 50 mL，摇匀，在 525 nm 波长处测得的吸光度分别为 0.310 和 0.325，求高锰酸钾的百分含量。

解　　　$$w(KMnO_4)=\frac{A_样}{A_标}\times100\%=\frac{0.310}{0.325}\times100\%=95.4\%$$

3. 标准曲线法

测定时，先取得与被测物质含有相同组分的标准品，配成一系列浓度不同的标准溶液,在相同条件下分别测定其吸光度。然后以浓度 c 为横坐标,以相应的吸光度 A 为纵坐标,绘制 A-c 曲线,或称工作曲线。

在相同条件下测出供试品溶液的吸光度,从标准曲线上便可查出与此吸光度值对应的供试品溶液的浓度。

任务五　维生素 B_{12} 注射液含量的测定(实训)

一、实训目的

(1)掌握紫外-可见分光光度计的使用方法。

(2)掌握注射液含量的测定和计算方法。

(3)熟悉绘制吸收光谱曲线的一般方法。

二、实训原理

维生素 B_{12} 是含 Co 的有机化合物,其注射液为粉红色至红色的澄清液体。要测定维生素 B_{12} 注射液的含量,可以用紫外-可见分光光度法测定。用此法进行含量测定时,必须知道维生素 B_{12} 的 λ_{max},λ_{max} 可以通过绘制吸收光谱曲线得到。

吸收光谱曲线:将不同波长的单色光依次通过被分析的物质,分别测得不同波长下的吸光度,以波长 λ 为横坐标,以吸光度 A 为纵坐标所描绘的曲线。吸光度最大时对应的波长为 λ_{max},在 λ_{max} 处测吸光度。维生素 B_{12} 在 278 nm、361 nm、550 nm 波长处有最大吸收,选择合适的最大吸收波长 λ_{max},在该 λ_{max} 处测得 A,然后根据吸收系数法可以求出维生素 B_{12} 注射液的含量。

吸收系数法:

$$A = Ecl$$

按照 2015 年版《药典》要求,选择在最大吸收波长 361 nm 处测定吸光度 A,计算出的百分吸收系数 $E_{1\,cm}^{1\%}$ 值为 207。

三、仪器与试剂

仪器:752 型紫外-可见分光光度计、10 mL 容量瓶、5 mL 吸量管。

试剂:维生素 B_{12} 注射液(质量浓度为 0.05 mg/mL,市售品)。

四、实训步骤

1. 752 型紫外-可见分光光度计的使用

(1)开启电源开关,使仪器预热 20 min。

(2)用波长选择旋钮设置所需的分析波长。

(3)将盛有参比溶液的吸收池置于光路,关闭样品室盖,调节 T 旋钮,使显示器指针指在"100.0%"。

(4)将盛有参比溶液的吸收池置于光路,关闭样品室盖,调节 A 旋钮,使显示器指针指在"0.000"。

（5）重复步骤（3）和（4），直至仪器显示稳定。

（6）将盛有供试品溶液的吸收池置于光路，关闭样品室盖，进行测定，在显示器上读出 A。

（7）仪器使用完毕，关闭电源，拔下电源插头。取出吸收池，洗净、晾干。复原仪器，罩上防尘罩。

2. 吸收光谱曲线的绘制

精密量取维生素 B_{12} 注射液 5 mL，置于 10 mL 容量瓶中，加水稀释至刻度，摇匀。将其置于 1 cm 厚的吸收池中，以纯化水为空白溶液，在不同波长（265～580 nm 之间，其中从 265～285 nm、350～370 nm、540～560 nm 波长处每间隔 5 nm 测量一次，其余波长处每间隔 20 nm 测量一次）下测量相应的吸光度。以波长 λ 为横坐标，吸光度 A 为纵坐标绘出吸收光谱曲线，从吸收光谱曲线上得到最大吸收波长 λ_{max}，从而选择测定维生素 B_{12} 的适宜波长。

3. 注射液含量测定

避光操作。准确吸取 5 mL 维生素 B_{12} 注射液，置于 10 mL 容量瓶中，加水稀释至刻度，摇匀，作为供试品溶液。在 361 nm 波长条件下，以纯化水为参比溶液测定吸光度，调零，然后将供试品溶液置于 1 cm 厚的吸收池中，测定吸光度。维生素 B_{12} 的百分吸收系数 $E_{1\ cm}^{1\%}$ 值为 207，计算维生素 B_{12} 标示量的百分含量。计算公式如下：

$$w(维生素\ B_{12}标示量) = \frac{A \times 1\% \times 稀释倍数}{207 \times 标示量(g/mL)} \times 100\% \tag{2-8}$$

五、注意事项

1. 参比溶液的选择

常用的参比溶液有以下 3 种，可根据具体情况进行选择。

（1）溶剂参比：以纯溶剂作为参比溶液，如纯化水或其他各种纯有机溶剂。当样品中其他成分、显色剂及所用的各种试剂在测定波长下均无吸收或无色时，可用溶剂作参比。溶剂作参比可以消除溶剂的干扰。

（2）试剂参比：以与试样溶液进行平行操作，只是不加待测组分所配制的各种试剂的混合溶液作为参比溶液。试剂参比可以消除试剂的干扰，是最常用的一种参比溶液。

（3）被测试液参比：以不加显色剂的试样溶液作为参比溶液。当显色剂为无色，而被测试液中存在其他有色离子时，用不加显色剂的被测试液作为参比溶液，可以消除被测试液中有色离子的干扰。

2. 吸收池的清洗

为保证吸收池中测定溶液浓度的准确性，吸收池中盛放哪种溶液就用哪种溶液荡洗 2~3 次。吸收池使用后应立即取出,并用自来水及纯化水洗净,倒立晾干。

六、思考题

(1) 单色光不纯对于测得的吸收光谱曲线有什么影响?

(2) 利用邻组同学的实验结果,比较同一溶液在不同仪器上测得的吸收光谱曲线有无不同。试做解释。

目标检验

一、填一填

1. 吸光度用符号_____表示,透光率用符号_____表示,吸光度与透光率的数学关系是_____。

2. 分光光度计的主要部件有_____、_____、_____、_____、_____。

3. 百分吸收系数的表示符号为_____,此时溶液的浓度单位是_____。

4. 物质的吸收光谱是以_____为横坐标,以_____为纵坐标作图得到的曲线,公式为_____。

5. 对于紫外-可见分光光度计,在可见光区可以用_____吸收池,而紫外光区则用_____吸收池进行测量。

二、选一选

1. 用双硫腙分光光度法测定 Pb^{2+}(摩尔质量为 207.2 g/mol),若 1 000 mL 溶液中含有 1 mg Pb^{2+},在 520 nm 波长处用 1.0 cm 厚的吸收池测得的吸光度 A 为 0.5,则摩尔吸收系数是( )。

    A. $1.0×10^{-2}$ B. $1.0×10^{2}$ C. $1.0×10^{3}$ D. $1.0×10^{5}$

2. 摩尔吸收系数的大小与下列( )有关。

    A. 试样浓度   B. 吸收池厚度   C. 入射光波长   D. 不变的常数

3. 吸光度与透光率的关系为( )。

    A. $A=T/M$ B. $A=-\lg T$ C. $A=T/M$ D. $A=\lg T$

4. 下列不是分光光度计的组成部分的是( )。

    A. 光源   B. 吸收池   C. 光栅   D. 分离柱

5. 可见分光光度计所采用的光源通常为( )。

    A. 氘灯   B. 氢灯   C. 钨灯   D. 荧光灯

6. 若待测试液在测定波长处有吸收,而显色剂等无吸收,则可用( )。

    A. 纯水   B. "试剂空白"作参比

    C. "试样空白"作参比

7. 分析法中,使用到电磁波谱,其中可见光的波长范围为( )。

A. 10～400 nm　　　　　　　　　　B. 400～760 nm

C. 0.75～2.5 m　　　　　　　　　　D. 0.1～100 cm

8. 棱镜或光栅可作为（　　）。

A. 滤光元件　　　B. 聚焦元件　　　C. 分光元件　　　D. 感光元件

9. 紫外-可见分光光度法测定的波长范围是（　　）。

A. 200～760 nm　　　　　　　　　　B. 400～760 nm

C. 760～1 000 nm　　　　　　　　　D. 1 000～1 200 nm

10. 在分光光度分析中，透光强度 I_t 与入射光强度 I_0 之比称为（　　）。

A. 吸光度　　　B. 透光率　　　C. 吸收系数　　　D. 光密度

11. 用分光光度法在一定波长处测定某有色溶液，测得溶液的吸光度为 1.0，则其透光率为（　　）。

A. 0.1%　　　B. 1.0%　　　C. 10%　　　D. 20%

12. 透光率是 100% 时，吸光度 A 为（　　）。

A. 1　　　B. 0　　　C. 0.1　　　D. 10

三、算一算

1. 有一浓度为 $3×10^{-4}$ 的高锰酸钾溶液在 525 nm 波长处的摩尔吸收系数值为 2 400，当吸收池的厚度为 1 cm 时，计算其吸光度及透光率。

2. 精密称取不纯的高锰酸钾和纯品高锰酸钾各 W g，分别溶于纯化水并稀释至 500 mL，分别再各取 10 mL 并用纯化水稀释至 50 mL，摇匀，在 525 nm 波长处测得的吸光度分别为 0.340 和 0.375，计算高锰酸钾的百分含量。

3. 取维生素 B_{12} 样品 25 mg，用纯化水溶解后稀释至 1 000 mL，取少量样品溶液盛于 1 cm 厚的吸收池中，在 361 nm 波长处测得的吸光度为 0.472。若维生素 B_{12} 的百分吸收系数 $E_{1 \text{ cm}}^{1\%}$ 值为 207，计算维生素 B_{12} 的百分含量。

知识拓展：紫外-可见分光光度法的主要误差来源

1. 偏离 Lambert-Beer 定律

根据 Lambert-Beer 定律，标准曲线（A-c 曲线）应该是一条过原点的直线。但在实际测定中，往往会出现曲线上部弯曲的现象，如图 2-14 所示，即偏离了 Lambert-Beer 定律，使测定结果产生一定的误差。

造成这种现象的原因主要有以下 3 个方面：

（1）单色光不纯。Lambert-Beer 定律适用于单色光，而纯粹的单色光是很难得到的，一般的分光光度计通过单色器获得的单色光其实是一狭小波段的光带（一般有几个纳米宽）。被测物质对光带中各个波长光的吸光度不同，从而引起溶液偏离

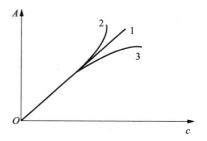

图 2-14　Lambert-Beer 定律的偏离
1—无偏离；2—正偏离；3—负偏离

Lambert-Beer定律,使标准曲线上部发生弯曲,产生一定的误差。

(2)溶液的浓度过高。Lambert-Beer 定律仅适用于一定范围的低浓度溶液,当溶液的浓度超出该范围时,溶液对光的吸收就会偏离 Lambert-Beer 定律。

(3)溶液中吸光物质的性质不稳定。Lambert-Beer 定律要求吸光物质的化学性质稳定,如果溶液中被测组分因测定条件的改变而形成新的化合物或吸光物质的浓度发生改变,如吸光物质的缔合、离解、互变异构、配合物的逐级形成及溶剂的相互作用等,都将导致偏离 Lambert-Beer 定律,产生误差。

2. 仪器误差

仪器误差是由于仪器不够精密而引起的误差。如仪器的读数盘标尺不够准确,吸收池的厚度不完全相同、壁的厚度不均匀及表面光洁度有差异,光源不稳定,光电管灵敏性差,单色光的光带不够狭窄等。

3. 主观误差

操作者在使用仪器前对仪器的性能不是十分了解,故在使用过程中不能熟练操作或操作不当;样品溶液与标准品溶液的处理不完全相同,如溶液稀释、显色条件(显色剂的用量、显色时间、显色的温度)的不同都可产生误差。

项目二　红外分光光度法

学 习 目 标

知识目标
ZHISHIMUBIAO

1. 了解红外分光光度法的原理。

2. 掌握利用红外分光光度计对已知药物进行定性鉴别及限量检查的方法。

3. 熟悉红外分光光度计的构造及使用注意事项。

技能目标
JINENGMUBIAO

1. 掌握红外分光光度法的制样技术。

2. 熟练应用红外分光光度计进行药物鉴别,正确填写相应的记录,发放检验报告。

3. 熟悉红外分光光度计的使用与维护。

任务一　头孢克洛原料药的鉴别检查

一、头孢克洛原料药的红外鉴别检查

该药品的红外光吸收图谱应与对照的图谱一致。

二、固体样品的制备

取头孢克洛样品 2 mg、干燥的溴化钾(KBr)适量(100～200 mg),一并放入玛瑙研钵中研细。将研好的细粉放入压片模具的下压头中,手压并旋转上压头使细粉均匀并铺平。将模具放在压片机工作台中心,旋紧压片机丝杠,摇动手柄 10 余次,加压至压力表的读数为 12.5～15.6 MPa,保持压力 1～2 min 即可。旋松压片机丝杠,取出压好的样品片。

三、操作步骤与结果

(1) 打开红外分光光度计的开关。

(2) 打开计算机的开关并进入工作界面,设置参数。

(3) 将已压好的 KBr 空白片及样品片分别放入样品室内,盖好盖子,即可点"扫描"键进行扫描。

(4) 所得的头孢克洛的红外光谱图如图 2-15 所示。

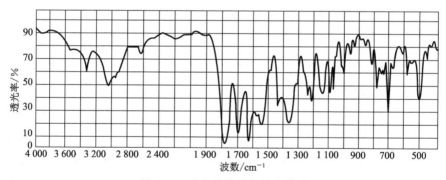

图 2-15　头孢克洛的红外光谱图

任务二　红外分光光度法的基本知识

一、红外光及波长范围

红外光是介于可见光和微波之间,波长范围为 0.76～1 000 μm 的电磁波,其中 2.5～25 μm 的波长范围称为中红外区,25 μm 以上的称为远红外区。由于绝大多数有机化合物的基频吸收都出现在中红外区,因此药物检验中应用最多、最为广泛的区域为中红外区,本任务讲授的就是中红外区的分光光度法。2015 年版《药典》就是利用红外分光光度法进行药物的定性鉴别以及无效晶型的限量检查的。

二、红外光谱图的表示方法

1. 红外分光光度法

由物质分子的振动或转动能级的跃迁在中红外区所产生的特征性很强的吸收光谱称为中红外吸收光谱,简称红外光谱。通过记录化合物的红外光谱对物质进行定性、定量和结构分析的方法称为红外分光光度法,又称红外光谱法(infrared spectrometry),简称 IR 法。红外光谱法适用于研究所有的有机化合物及某些无机化合物。可以依据红外光谱的峰位、峰强及峰形来判断化合物的类别,推测分子中某种基团的存在,进而推断未知化合物的化学结构。

2. 红外光谱图表示方法

以透光率 T 为纵坐标,波数 σ 为横坐标,表示透光率随波数的变化而产生的图谱称为红外光谱图。图 2-16 为聚苯乙烯的红外光谱图。

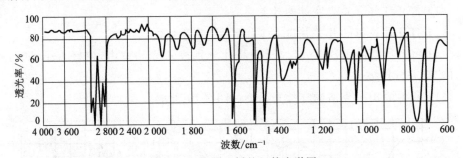

图 2-16　聚苯乙烯的红外光谱图

红外光谱图中的纵坐标为透光率 T,故吸收峰向下;红外光谱图中的横坐标为波数 σ。

波数是波长的倒数,单位为 cm^{-1},表示 1 cm 长度之内所含波长的数目。红外光波长 λ 的单位为 μm,$1\ \mu m = 10^{-4}\ cm$。波数与波长的换算公式为:

$$\sigma = \frac{1}{\lambda} \tag{2-9}$$

例如,$\lambda = 25\ \mu m$,即 $\lambda = 25 \times 10^{-4}\ cm$ 时,$\sigma = \dfrac{1}{25 \times 10^{-4}\ cm} = 400\ cm^{-1}$,表示 1 cm 长度之内所含 25 μm 波长的数目为 400 个。同理,当 $\lambda = 2.5\ \mu m$ 时,可以求出 $\sigma = 4\ 000\ cm^{-1}$,表示 1 cm 长度之内所含 2.5 μm 波长的数目为 4 000 个。

三、红外分光光度法的特点

1. 红外分光光度法的优点

红外分光光度法属于吸收光谱法,该法具有以下优点:

(1) 红外分光光度法是根据化合物在红外光区(指中红外区)吸收带的位置、

强度、形状以及个数来确定化合物的分子结构的。

（2）红外分光光度法适用于任何状态的样品，如气体、液体、可研细的固体或薄膜。其制样简单，测定方便，且对样品不会造成破坏。

（3）红外分光光度法分析时间短。色散型红外光谱仪可在几分钟之内完成对样品的分析，傅里叶变换红外光谱仪可在 1 s 之内进行多次扫描，从而进行快速分析。

（4）红外光谱的特征性强。红外光谱是化合物的振动-转动光谱，由于每个官能团有不同的振动-转动形式，光谱复杂，信息量大，且绝大多数化合物都有其特征性的红外光谱，因此红外光谱又被称为分子指纹光谱。

基于以上优点，红外分光光度法在药品检验中得到了广泛应用。

2. 红外分光光度法的缺点

红外分光光度法的缺点是定量分析差，主要应用于化合物的定性鉴别和限量检查。

▶▶ 课堂互动

请同学们叙述一下紫外-可见分光光度法和红外分光光度法的区别。

知识拓展：紫外吸收光谱与红外吸收光谱的区别

紫外吸收光谱与红外吸收光谱同属于分子吸收光谱范畴，不仅能进行定性和定量分析，还可以用于鉴定化合物和测定分子结构。但二者有不同之处：

1. 光谱产生的机制不同

紫外吸收光谱是电子光谱，是由分子外层电子的跃迁引起的；红外吸收光谱是振转-转动光谱，是由分子中原子的振动及分子的转动能级跃迁引起的。

2. 研究对象不同

紫外吸收光谱只适合研究不饱和有机化合物，特别是具有共轭体系的有机化合物及某些无机化合物，而不适合研究饱和的有机化合物。红外吸收光谱则不受限制，凡是在振动中伴随有偶极矩变化的化合物都是其研究对象，几乎所有的有机化合物在中红外区都能测到它们的吸收光谱。

任务三 红外分光光度法的原理

一、红外光谱的产生

红外光谱的产生必须同时满足以下两个条件：

1. 分子在振动及转动过程中必须发生偶极矩变化

并非所有的振动或转动都会产生红外吸收，只有偶极矩发生变化的振动或转动才能引起可观测的红外吸收，从而产生红外光谱。

例如，CO_2 分子是线性分子，其永久偶极矩为零，当其在做对称伸缩振动时，2 个氧原子同时移向或离开碳原子，此时分子正负电荷中心重合，偶极矩没有变化，所以该振动不产生红外吸收。

2. 红外辐射的频率必须与分子中相应基团的振动频率一致

例如，H_2O 分子中氢氧原子间的对称伸缩振动频率为 3 652 cm^{-1}，不对称伸缩振动频率为 3 752 cm^{-1}，弯曲振动频率为 1 595 cm^{-1}，当用含有这 3 种频率的红外光照射 H_2O 分子时，分子就会吸收这 3 种频率的红外光，于是产生了 3 个相应的吸收峰，如图 2-17 所示。

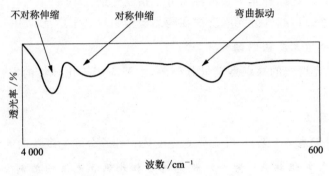

图 2-17　H_2O 分子的红外光谱图

二、分子振动的形式

1. 伸缩振动

键长沿键轴方向发生周期性的伸长及缩短的振动称为伸缩振动，用符号 v 表示。它是双原子分子和多原子分子同时具有的振动。伸缩振动有以下两种振动形式，如图 2-18 所示。

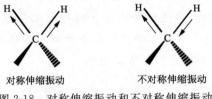

图 2-18　对称伸缩振动和不对称伸缩振动

（1）对称伸缩振动。

对称伸缩振动是指各键同时伸长或缩短的振动，用符号 v_s 表示。

（2）不对称伸缩振动。

不对称伸缩振动是指有的键伸长、有的键缩短的振动，用符号 v_{as} 表示。

2. 弯曲振动（又称变形振动或边角振动）

键角发生周期性变化而键长不变的振动称为弯曲振动。弯曲振动是只有多原子分子才具有的振动形式。弯曲振动分为下列两种情况：

（1）面内弯曲振动。

面内弯曲振动是指弯曲振动发生在由几个原子构成的平面内。它又分为剪式振动和平面摇摆振动，如图 2-19 所示。

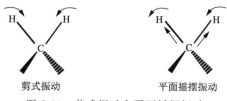

剪式振动　　　　　平面摇摆振动

图 2-19　剪式振动和平面摇摆振动

① 剪式振动。振动时两键在同一平面内彼此相向弯曲，其键角的变化类似剪刀的开闭，符号为 δ。

② 平面摇摆振动。振动时键角不发生变化，基团作为一个整体在平面内摇动，符号为 ρ。

（2）面外弯曲振动。

面外弯曲振动是指垂直于分子所在平面的弯曲振动。它又分为面外摇摆振动和扭曲振动。

① 面外摇摆振动。两个原子同时向面上或面下振动，基团作为一个整体在平面内摇摆，符号为 ω。

② 扭曲振动。振动时原子离开键角平面，向相反方向来回扭动，符号为 τ。

三、红外吸收峰的分区

1. 红外吸收谱带的强度

红外吸收谱带的强度取决于分子振动时偶极矩的变化。偶极矩变化越大，吸收谱带强度越大。偶极矩与分子结构的对称性有关，对称性越强，偶极矩就越小，吸收谱带的强度就越弱，反之亦然。一般极性较强的基团（如 $C=O$、$O=H$、$C-X$ 等），由于分子对称性弱，振动时偶极矩变化大，因此谱带强。而极性较弱的基团（如 $C=C$、$C-C$、$N=N$ 等），由于分子对称性较强，振动时偶极矩变化小，因此谱带弱。

红外吸收峰的摩尔吸收系数最大值约为 10^2。用红外光谱仪测定时，一般需用较宽的狭缝，这就使红外吸收峰摩尔吸收系数的值常随仪器不同而有所差异，因此不适用于做精确对比。吸收峰大致可分为很强（VS）、强（S）、中强（M）、弱（W）、很弱（VW）五类。

分子在常温下处于最低振动能级，即基态。当分子吸收红外辐射，振动能级由基态跃迁至第一激发态时，产生的吸收峰称为基频峰。此外，还会产生从基态至第二激发态或第三激发态的跃迁，这些跃迁产生的吸收峰依次减弱，称为倍频峰或泛频峰。通常基频峰强度都比倍频峰强，因而基频峰是红外光谱最主要的吸收峰，而倍频峰强度较弱,常测不出来。

2. 红外吸收峰的分区

红外光谱中,某些化学基团虽处在不同分子中,但都在同一个较窄的频率区间呈现红外吸收谱带,这种吸收谱带是基团特有的,称为基团特征吸收频率,简称基团频率。通常在 4 000~1 300 cm^{-1} 之间,这一区域称为基团频率区或特征区。该区吸收峰比较稀疏,易于辨认,可用作鉴别化合物的官能团,是确定分子结构并进行定性分析的重要依据。

分子的有些振动与整个分子的结构有关,其取决于分子中其他原子的种类、质量以及空间排列方式。这种吸收谱带通常在 1 300~400 cm^{-1} 之间,由于每个分子在此区间都有不同的吸收特征,就像每个人都有不同的指纹一样,因而称其为指纹区。该区谱带密集,各种化合物在结构上的微小差异在此区都会有所表现,这对于区别结构类似的化合物很有帮助。

红外吸收光谱常被分成 8 个重要的区段,如表 2-3 所示。

表 2-3 红外吸收光谱的 8 个区段

波数/cm^{-1}	振动类型
3 750~3 000	O—H、N—H 的伸缩振动
3 300~3 010	C≡C—H、C=C—H、Ar—H 的伸缩振动
3 000~2 800	C—H 的伸缩振动
2 400~2 100	C≡C,C≡N、—N=C=O、—O=C=O 的伸缩振动
1 900~1 630	C=O 的伸缩振动
1 650~1 500	C=C,C=N、N=N 的伸缩振动
1 475~1 300	C—H 的面内弯曲
1 000~650	≡C—H、=C—H、Ar—H 的面外弯曲

任务四 认识红外分光光度计

目前常用的红外分光光度计(又称红外光谱仪)主要有两种,即色散型红外光谱仪和傅里叶变换红外光谱仪。

一、色散型红外光谱仪

色散型红外光谱仪的结构示意图如图 2-20 所示。

图 2-20 色散型红外光谱仪的结构示意图

从图中可以看出,色散型红外光谱仪的组成部件与紫外-可见分光光度计的组成部件相类似。

1. 光源

中红外区(4 000～400 cm^{-1})常用的光源有硅碳棒和能斯特灯。硅碳棒结构简单,稳定性好,不需预热,坚固,发光面积大,价格低廉,但必须用变压器调节后才能使用。能斯特灯的优点是发光强度高,其发光强度是同温度硅碳棒的两倍,稳定性好,使用寿命长;缺点是价格较高,易碎,操作不如硅碳棒方便,使用寿命短(6 个月)。

2. 样品室

样品室所使用的吸收池有气体池和液体池。气体池用于样品极易挥发的液体样品分析;液体池用于液体样品的测定,多使用可拆卸吸收池。光路中设有样品池和参比池。样品常与纯 KBr 混匀压片后,直接进行测定。

3. 单色器

单色器由色散原件、准直镜和狭缝构成。目前多采用光栅作色散原件。

4. 检测器

由于红外光子能量低,不足以引起发光电子的发射,因此紫外-可见检测器中的光电管等不适用于红外检测器的光检。目前常用的红外检测器有高真空热电偶、热释电检测器和碲镉汞检测器。

5. 记录仪

红外光谱复杂,需要自动记录谱图。红外光谱仪都有记录仪。

▶▶▶ 课堂互动

请同学们对比一下红外光谱仪与紫外-可见分光光度计的光路示意图,说一说它们的区别。

二、傅里叶变换红外光谱仪(FTIR)

以光栅为色散原件的色散型红外光谱仪由于采用狭缝,光源能量的输出受到限制,扫描速率太慢,许多样品的红外光谱测定受到限制。20 世纪 70 年代出现了傅里叶变换红外光谱仪,如图 2-21 所示。它由光学台(包括光源、干涉仪、样品室和检测器)、记录装置和数据处理系统组成,其核心部件是干涉仪。光源发射出的红外光进入干涉仪,获得干涉图,干涉图通过傅里叶变换的数学处理,最后再还原成光谱图。

由于该类仪器不采用狭缝,可同时获得光谱所有频率的信息,因而具有许多优点:

(1)测量时间短。可在 1 s 之内获得红外光谱,可进行快速分析,也便于和色谱法联用。

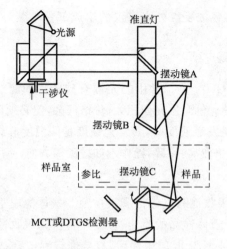

图 2-21　傅里叶变换红外光谱仪结构示意图

（2）灵敏度高。单色光入射光强度大，灵敏度高，可以分析 10^{-9} g 的微量试样。

（3）分辨率高。由于使用了干涉仪，其分辨率可达 2 cm^{-1}。

（4）波数精度高。其波数精度可达 0.01 cm^{-1}。

（5）光谱范围广。可用于研究整个红外区（10 000～10 cm^{-1}）的光谱。

由于具有诸多优势，该类型的仪器现已成为最常用的仪器，而色散型红外光谱仪正逐渐被淘汰。

三、红外分光光度计的使用、维护及注意事项

以 FT-IR 200 红外光谱仪和 Cary 640 Ftir 傅里叶变换红外光谱仪为例，介绍红外分光光度计的使用和维护方法。

1. FT-IR 200 红外光谱仪

（1）操作规程。

① 开机：首先打开仪器电源，稳定 0.5 h，使仪器能量达到最佳状态。

开启计算机，并打开仪器操作平台的"OMNIC"软件，检查仪器的稳定性。

② 制样：将 1.0 mg 固体样品与 100 mg 左右的 KBr 结晶一起研磨均匀，用压片机压成透明且均匀的薄片，在固体样品架上测量。

③ 将已压好的 KBr 空白片及样品片分别放入样品室内，盖好盖子。

④ 扫描和输出红外光谱图。

⑤ 设置参数：单击"采集"→"实验设置"→在对话框中选中"先测定背景后测定样品"或选中"先测定样品后测定背景"。

⑥ 绘制红外图谱：单击"采集"→"采集样品"→"采集背景"→"确定"，仪器扫描背景，保存背景。屏幕出现"准备采集样品"后，将样品放入样品池中，单击"确

定",仪器扫描样品,保存样品谱图。

⑦ 谱图检索:单击"图谱分析",建立样品谱图库→"谱图检索",计算机自动检索出与样品最接近的标准谱图并显示其符合程度。

⑧ 关机:关闭"OMNIC"软件→关闭仪器电源→罩上仪器防尘罩→在记录本中记录仪器使用情况。

(2)仪器维护及注意事项。

① 保持实验室安静和整洁,不得在实验室内进行样品化学处理,实验完毕后要立刻取出样品室内的样品。

② 样品室的窗门应轻开轻关,避免仪器因振动而受损。

③ 将制样配件擦拭干净,放入干燥器内。

④ 仪器要保持干燥、整洁,每次使用完毕后应罩上防尘罩。

⑤ 测定时,实验室的温度应为 $15 \sim 30 \, ℃$,相对湿度应在 65% 以下,所用电源应配备稳压装置和接地线。因要严格控制室内的相对湿度,因此红外实验室的面积不要太大,能放得下必需的仪器设备即可,但室内一定要有除湿机。

⑥ 为防止仪器受潮而影响使用寿命,红外实验室应经常保持干燥,即使不经常使用仪器,也应每周开机至少两次,每次半天,同时开除湿机除湿。梅雨季节最好每天都开除湿机。

⑦ 如使用的是单光束型傅里叶变换红外分光光度计(目前应用最多),实验室里的 CO_2 含量不能太高,因此实验室里的人数应尽量少,无关人员最好不要进入,还要注意适当通风、换气。

⑧ 红外光谱测定最常用的试样制备方法是溴化钾(KBr)压片法。为减少对测定的影响,所用 KBr 最好应为光学试剂级,至少也要分析纯级。使用前应适当研细(200目以下),并在 $120 \, ℃$ 以上烘 $4 \, h$ 以上,之后置于干燥器中备用。如果发现结块,则应重新干燥。制备好的空 KBr 片应透明,与空气相比,透光率应在 75% 以上。

⑨ 如果供试品为盐酸盐,考虑到在压片过程中可能会出现离子交换现象,可用氯化钾(也同溴化钾一样需预处理后再使用)代替溴化钾进行压片。也可比较氯化钾压片和溴化钾压片后测得的光谱,如果二者没有区别,则可使用溴化钾进行压片。

⑩ 压片时,取用的供试品的量一般为 $1 \sim 2 \, mg$。因不可能用天平称量后再加入,并且每种样品对红外光的吸收程度不一致,故常凭经验取用。一般要求所得的光谱图中绝大多数吸收峰处于 $10\% \sim 80\%$ 的透光率范围内。最强吸收峰的透光率如果太大(如大于 30%),则说明取样量太少;相反,如果最强吸收峰的透光率接近 0%,且为平头峰,则说明取样量太多,此时均应调整取样量后重新测定。

⑪ 压片时,KBr 的取用量一般为 $200 \, mg$ 左右(也是凭经验),应根据制片后的片子厚度来控制 KBr 的量,一般片子厚度应在 $0.5 \, mm$ 以下。厚度大于 $0.5 \, mm$时,常可在光谱上观察到干涉条纹,会对供试品光谱产生干扰。

⑫ 压片时,应先将供试品研细后再加入 KBr,再次研细研匀,这样比较容易混匀。研磨应用玛瑙研钵,因为玻璃研钵内表面比较粗糙,易黏附样品。研磨时应按同一方向(顺时针或逆时针)均匀用力,如果不按同一方向研磨,则有可能在研磨过程中使供试品产生转晶,从而影响测定结果。研磨力度不用太大,研磨到试样中不再有肉眼可见的小粒子即可。研好后,试样应通过一小的漏斗倒入压片模具中(因模具口较小,直接倒入较难),并尽量铺均匀,否则压片后试样少的地方的透明度要比试样多的地方低,并因此对测定产生影响。如果压好的片子上出现不透明的小白点,则说明所研的试样中有未研细的小颗粒,应重新压片。

⑬ 测定所用的试样应干燥,否则应在研细后置于红外灯下烘几分钟使其干燥。研好的试样装在模具中后,应与真空泵相连并抽真空至少 2 min(使试样中的水分进一步被抽走),然后再加压至 0.8~1 GPa 后维持 2~5 min。不抽真空将影响片子的透明度。

⑭ 压片后应立即把模具的各部分擦干净,必要时用水清洗并擦干,放入干燥器中保存,以免腐蚀。

2. Cary 640 Ftir 傅里叶变换红外光谱仪

(1)操作规程。

① 压片。称量 1~2 mg 样品,放入玛瑙研钵,先稍做研磨,再放入 100~200 mg 干燥的溴化钾(溴化钾必须采用干燥的光谱纯品)进行研磨,直到样品的颗粒足够小并均匀地分布到溴化钾中。样品倒入模具(可以轻微抖动模具,以使样品均匀地分布在底面的压头上),把上压头放入模具,光面朝下,压上压杆。

把模具放入压片机,加压,保持近 1 min,然后缓慢地卸掉压力。不同规格的片子所使用的压力不同,具体参数可以参考模具说明书。

取出模具及片子,检查片子是否为半透明状,样品是否均匀地分布在片子中。

② 系统开机。打开光谱仪电源开关,然后打开计算机。如果光谱仪很长时间没有开机,开机后至少需要稳定 30 min 以便达到工作温度。如果需要更换检测器、分束器或者光源,需在进行数据采集之前完成这些工作。

③ 测定实验。打开"Varian Resolutions Pro"软件,设定参数。从"光谱采集"菜单中选择常规"光谱扫描"选项,在出现的扫描参数的设置界面单击"内容"→"光谱采集方法总览"→"常用设置"。其中,"常用设置"中:扫描次数一般设置为 16 次,光谱名称指分别给样品光谱和背景光谱设置一个名字,分辨率的常规设置为 4 cm^{-1},中红外区的常规扫描范围设置为 4 000~400 cm^{-1}。上述参数设置好后就可以开始实验。

④ 准直光谱仪。

a. 单击"光谱采集"→"常规光谱扫描",在弹出的窗口中单击"信号监测"→"准直"。仪器开始自动准直,软件左下角显示准直进行状态。

b. 点击"中心点"可以放大干涉图中心部位。

c. 检查峰强度,使峰强小于 10。如果出现平头峰或峰强超过 10,需要加衰减片或提高分辨率,把光强度降下来,使检测器处于正常工作状态。

⑤ 校验光谱仪。单击"Auto Sensitivity"校验增溢半径(GRR)电路和增溢放大系统。进行校验时,状态栏会显示校验状态。状态栏显示校验完成时,单击"确定"键,保存准直和校验的结果。

⑥ 背景光谱采集。采集背景的目的是消除仪器及环境对样品光谱的影响,每个样品光谱都需要背景光谱。背景采集完会自动弹出保存图框,提示保存背景文件,单击"保存"存储背景光谱。保存后会直接在图框中显示采集到的背景光谱图。设置好背景采集参数,单击"背景光谱"图框,进行背景扫描。

⑦ 样品光谱采集。打开样品室,把压好的片子放在样品架上,单击"光谱采集"→"常规光谱扫描",设置好采集参数后,单击"样品光谱扫描",即可进行样品光谱采集。

(2)仪器维护及注意事项。

① 通过观察窗检查干燥剂的状况。当干燥器内的晶体变为粉红色时,必须更换干燥剂。更换步骤如下:关闭电源并将电源线拔下;松开固定主光学仓盖的螺丝,将盖子升起,取出旧的干燥剂,换上新的干燥剂;关闭主光学仓盖并用螺丝固定,关闭光谱仪的盖子,插上电源线。打开电源开关并等待 30 min,之后再进行数据采集。

② 按照光谱维护提示设置的信息提醒及时维护和更换。

③ 溴化钾对钢制模具的表面有很强的腐蚀性,因此模具用过后必须及时清洗干净,然后放在干燥的环境中保存。

④ 压片操作最好在红外灯下进行,这样可避免样品在处理的过程中吸收空气中的水分。

任务五　红外分光光度法定性鉴别及应用

一、定性鉴别

有机化合物的红外光谱具有鲜明的特征性,能反映药物分子的结构特点,其谱带的数目、位置、形状与强度都随化合物的不同而不同,专属性强,准确度高,是验证已知药物的重要且有效的方法。因此,红外分光光度法是有机药物进行定性鉴别的强有力的工具。《药典》广泛使用红外光谱法鉴别药物的真伪,且鉴别的药物的品种不断增加。

1. 标准图谱对比法

标准图谱对比法是指按规定条件绘制供试品的红外光谱图,将其与相应的标准光谱进行对比,以此来判断是否一致的方法。

定性鉴别时,主要对其峰位、峰形和相对强度逐一进行对比。若供试品的图谱与相应的对照品图谱一致,通常可判定两化合物为同一物质;若两光谱图不同,则可判定两化合物不同。但下结论时,需考虑供试品是否存在多晶现象、纯度如何以及其他外界因素的干扰。

标准图谱对比法虽然不需要对照品,操作简便,但无法消除不同仪器和不同操作条件所造成的差异。

2. 对照品对比法

对照品对比法是指将供试品与对照品在同样条件下绘制图谱,直接对比其图谱是否一致的方法。

对照品对比法可消除不同仪器和不同操作条件所造成的差异,但要求必须提供对照品。USP(美国药典)几乎全部采用此法,要求供试品与对照品的最大吸收峰应一致。

3. 峰位对比法

峰位对比法是指按规定条件绘制出供试品的光谱图,将其与《药典》上规定的最大吸收峰峰位进行对比,以此来判断是否一致的方法。

二、定性鉴别应用示例(磺胺类药物的鉴别)

磺胺类药物分子中含有伯胺基、苯环、磺酰基和磺酰胺基等基团,其红外光谱呈现相应的特征吸收,如图 2-22 及表 2-4 所示。

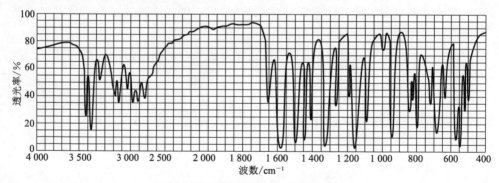

图 2-22　磺胺嘧啶的红外光谱图

表 2-4　磺胺嘧啶的红外光谱分析

σ/cm^{-1}	归　属	基　团
3 350,3 420	υ_{NH}	伯胺基
3 250	υ_{NH}	磺酰胺基
1 650	δ_{NH}	伯胺基
1 590,1 490	$\upsilon_{C=C}$	苯环

σ/cm^{-1}	归 属	基 团
1 325	υ_{SO_2}（不对称）	磺酰基
1 155	υ_{SO_2}（对称）	磺酰基

磺胺类药物吸收光谱的特征说明：

（1）伯胺基和磺酰胺基的特征吸收谱带：伯胺基的伸缩振动在 3 500～3 300 cm^{-1} 区间出现两个较强的吸收谱带,伯胺基的面内弯曲振动在 1 650 cm^{-1} 附近出现一个中等强度或较强的特征吸收峰;磺酰胺基的伸缩振动在 3 340～3 140 cm^{-1} 区间出现吸收谱带,其强度随分子结构的不同而变化。

（2）苯环骨架的特征吸收谱带：其强度随分子结构不同而发生变化。通常在 1 610～1 480 cm^{-1} 区间呈现吸收峰。

（3）磺酰胺基中的磺酰基的两个特征吸收谱带：一个是 1 370～1 300 cm^{-1} 区间磺酰基的不对称伸缩振动,另一个是 1 180～1 140 cm^{-1} 区间磺酰基的对称伸缩振动（常为第一强峰,是磺胺类药物的重要特征吸收）。

任务六 磺胺嘧啶红外光谱的识别（实训）

一、实训目的

（1）掌握溴化钾压片的方法。

（2）熟悉用红外分光光度计绘制红外光谱图的方法。

（3）熟悉用标准图谱对比法鉴别药物真伪的方法。

二、实训原理

红外光谱法广泛应用于结构明确、组成单一的原料药的真伪鉴别,《药典》规定用傅里叶变换红外分光光度计绘制红外光谱图。溴化钾压片法是最常用的试样制备方法。

红外光谱定性分析一般采用两种方法：一种是用已知标准对照,另一种是标准图谱对比法。常用的标准图谱集为萨特勒红外标准图谱集。

一般解析图谱的大致步骤如下：

（1）先从特征频率区入手,找出化合物所含的主要官能团。

（2）从指纹区分析,进一步找出官能团存在的依据。仔细分析指纹区谱带的位置、强度和形状,确定化合物可能的结构。

（3）对照标准图谱,配合其他鉴定手段,进一步验证。

三、仪器和试剂

仪器：傅里叶变换红外光谱仪、压片机、模具和样品架、玛瑙研钵、不锈钢药匙、红外灯、擦镜纸。

试剂：分析纯的无水乙醇、聚苯乙烯薄膜、光谱纯的溴化钾粉末（于 130 ℃下干燥 24 h，存于干燥器中）、磺胺嘧啶样品。

四、实训步骤

（1）开机。打开红外光谱仪主机电源，再打开显示器电源，预热 20 min。打开计算机，进入工作软件。

（2）清洗研钵。先用分析纯的无水乙醇清洗玛瑙研钵，之后用擦镜纸擦干，最后用红外灯烘干。

（3）波数检验。将聚苯乙烯薄膜插入红外光谱仪的试样安放处，在 4 000～400 cm^{-1} 范围内进行波数扫描，得到吸收光谱。

（4）测定磺胺嘧啶的红外吸收光谱。

溴化钾压片法：取 1 mg 磺胺嘧啶供试品，加入 200 mg 干燥的纯溴化钾粉末，在玛瑙研钵中充分磨细（要求颗粒粒度约 2 μm，因为中红外区的波长是从 2.5 μm 开始的），使之混合均匀，并将其在红外灯下烘 10 min 左右。在压片机上压成透明薄片。将夹持薄片的螺母插入红外光谱仪的试样安放处，在 4 000～400 cm^{-1} 范围内进行波数扫描，得到吸收光谱。

以上红外吸收光谱测定时的参比物均为空气。

（5）关机。实验完毕后，先关闭红外光谱仪的工作软件，然后恢复工厂设置，关闭显示器电源，最后关闭红外光谱仪主机电源。

（6）清理。用无水乙醇清洗玛瑙研钵、不锈钢药匙，清理台面，填写仪器使用记录。

五、结果处理

（1）将测得的聚苯乙烯薄膜的吸收光谱与仪器说明书上的谱图对照。对 2 850.7 cm^{-1}、1 601.4 cm^{-1}、906.7 cm^{-1} 的吸收峰进行检验。在 4 000～2 000 cm^{-1} 范围内，波数误差不大于±10 cm^{-1}。在 2 000～400 cm^{-1} 范围内，波数误差不大于±3 cm^{-1}。

（2）解析磺胺嘧啶的红外光谱图。结合所学知识，指出谱图上各主要吸收峰的归属。

六、几点说明

（1）样品纯度应足够大，一般需大于 98%，以便与纯物质光谱相对照。

（2）若样品含水，会对羟基峰有干扰。

（3）供试品研磨以 2～5 μm 为宜，研磨应适度。

（4）在红外灯下操作时，用溶剂（乙醇，也可以用四氯化碳或三氯甲烷）清洗压片，不要离灯太近，否则移开灯时温差太大，压片会破裂。

（5）取出试样压片时，为防止压片破裂，应用泡沫或其他物品作缓冲。

（6）压片磨具使用后，应及时擦拭干净，保存于干燥器中。

（7）由于各种型号的仪器性能不同，供试品制备时研磨程度的差异或吸水程度不同等原因均会影响光谱的形状，因此进行光谱比对时，应考虑各种因素可能造成的影响。

七、思考题

（1）用压片法制样时，为什么要求研磨的颗粒粒度在 $2~\mu m$ 左右？

（2）红外分光光度计和紫外-可见分光光度计在仪器部件和基本结构上有什么不同？

（3）磺胺嘧啶红外光谱的吸收峰有哪些？其位置、形状和相对强度如何？

目 标 检 验

一、填一填

1. 红外光的波长范围是＿＿＿＿＿＿＿＿，中红外区的波长范围是＿＿＿＿＿。

2. 红外光谱的官能团区是＿＿＿＿＿＿＿＿＿，指纹区是＿＿＿＿＿＿＿＿＿＿。

3. 波数是指＿＿＿＿＿＿＿＿＿＿＿＿。中红外区的波数范围是＿＿＿＿＿＿＿＿。

4. 红外分光光度法常用的固体试样的制样方法是＿＿＿＿＿＿。

二、想一想

1. 红外吸收光谱和紫外吸收光谱的异同点。

2. 红外分光光度法在药品检验中的主要用途是什么？

3. 分子吸收红外光的两个条件是什么？

知识拓展1：红外光谱法应用于定量分析

由于红外光谱法灵敏度较低，变异因素较多，所以在定量分析方面的应用较少。《药典》中用红外分光光光度法对某些药物中的无效晶型进行限量检查，如甲苯咪唑中无效晶型 A 晶型的限量检查，依据是甲苯咪唑的无效晶型 A 晶型在 $640~cm^{-1}$ 处特征吸收，而有效晶型 C 晶型在 $662~cm^{-1}$ 处有特征吸收。

知识拓展2：红外光谱法应用于结构分析

有机化合物的红外光谱具有鲜明的特征性，其谱带的数目、位置、形状和强度都随化合物的不同而不同，是对化合物进行结构分析的有力工具。

解析光谱之前应当了解试样的来源，估计其可能是哪一类化合物；测定试样的物理常数，如沸点、熔点、溶解度、旋光率等作为定性的旁证。

项目三 原子吸收分光光度法

学习目标

知识目标
ZHISHIMUBIAO

1. 了解原子吸收分光光度法的基本原理。
2. 熟悉原子吸收分光光度计的构造、类型、操作步骤及使用注意事项。
3. 掌握原子吸收分光光度法的应用。

技能目标
JINENGMUBIAO

1. 熟练操作原子吸收分光光度计。
2. 能利用原子吸收分光光度法进行药品检查,正确填写相应的记录,发放检验报告。

任务一 维生素 C 中铁离子的检查

一、溶液配制

1. 标准铁溶液

精密称取硫酸铁铵 0.863 g,置于 1 000 mL 容量瓶中,加 1 mol/L 的硫酸溶液 25 mL,加水稀释至刻度,摇匀。精密量取所配溶液 10 mL,置于 100 mL 容量瓶中,加水稀释至刻度,摇匀即可。

2. 对照品溶液(A)

称取维生素 C 5.0 g,置于 25 mL 容量瓶中,加上述标准铁溶液 1.0 mL,再加 0.1 mol/L 的硝酸溶液溶解并稀释至刻度,摇匀即可。

3. 供试品溶液(B)

称取维生素 C 5.0 g,置于 25 mL 容量瓶中,加 0.1 mol/L 的硝酸溶液溶解并稀释至刻度,摇匀即可。

二、仪器操作(具体参照各型号仪器)

(1) 开启稳压电源,打开主机电源开关。

（2）安装空心阴极灯（铁），预热 20～30 min，设置测定波长为 248.3 nm。

（3）光源对光，使空心阴极灯位于单色器的光轴上。

（4）开启气源。开空气压缩机电源，使输出压力不超过 0.4 MPa。开启乙炔钢瓶的主阀（最多开启 1 圈）和减压阀，使减压阀的输出压力不超过 0.1 MPa。

（5）保证气路无泄漏，废液排放管出口有水封。

（6）燃烧器对光，使燃烧器的缝隙平行于仪器光轴且略偏低些。调好后，在使用过程中不再进行调节。

（7）对喷雾器进行调节，雾化效率越高越好。

（8）参考表 2-5 设置仪器测定参数（可根据具体型号仪器、样品进行调整或使用仪器推荐参数）。

表 2-5　仪器测定参数

检测元素	吸收波长/nm	灯电流/mA	乙炔流量：空气流量	狭缝宽/mm
Fe	248.3	5～8	1：4	0.2

（9）点火。通气（空气、乙炔），按下点火钮（按键）约几秒，使燃烧头点燃。

三、测定

1. 供试品溶液（B）测定

将毛细管插入供试品溶液，待吸光度稳定后，点击"测定钮"（按键），记录吸光度 b。

2. 对照品溶液（A）测定

用纯化水清洗原子化器后，将毛细管插入对照品溶液中，待吸光度稳定后，点击"测定钮"（按键），记录吸光度 a。

四、关机

（1）测试完毕后，在点火状态下用纯化水清洗原子化器（几分钟即可）。

（2）关闭燃气钢瓶主阀，待管路中余气燃净火焰熄灭后关闭燃气阀门。

（3）关闭仪器的燃气、助燃气旋钮，气路电源总开关，并将灯电流旋至零。

（4）关闭仪器电源，关闭稳压电源。

（5）关闭排风扇和冷却水。

（6）最后关闭空气压缩机并释放剩余气体。

五、判断依据

2015 年版《药典》规定：在 248.3 nm 的波长处分别测定，当供试品溶液的吸光度 $b < (a-b)$ 时，则本品中所含铁的量小于杂质限量，符合规定。

六、数据记录与处理

检验日期：_____ 温度：_____℃ 相对湿度：_____

检品名称：_____ 剂型：_____ 规格：_____

生产厂家：_____ 批号：_____ 有效期：_____

检验依据：_____ 检验项目：_____

检验数据如表 2-6 所示。

表 2-6　检验数据

数据记录	供试品溶液	对照品溶液
吸光度		
结　果		
结　论		

检验人：_____ 核对人：_____

任务二　原子吸收分光光度法基本知识

一、原子吸收分光光度法的概念

原子吸收分光光度法（AAS）是根据蒸气相中被测元素的基态原子对特征辐射的吸收来测定试样中该元素含量的方法。绝大多数化合物在加热到足够高的温度时，其中的元素可解离成为气态基态原子，此过程称为供试品原子化。供试品蒸气中待测元素的基态原子对同种元素发射的特征波长的光波具有吸收作用，这种现象称为原子吸收。

原子吸收分光光度法属于吸收光谱法，其吸光度与浓度的关系符合 Lambert-Beer 定律。当光源发射的特征谱线照射在供试品蒸气中待测元素的基态原子上时，被吸收的特征谱线强度 A 与供试品中待测元素的浓度 c 成正比，即 $A = Kc$，其中 K 为常数。这就是原子吸收分光光度法对待测元素进行定量分析的依据。

在测定矿物、金属、化工产品、土壤、食品、生物试样、环境试样中的金属元素含量时，原子吸收分光光度法往往是一种首选的定量分析方法。

二、原子吸收分光光度法的特点

1. 优点

原子吸收分光光度法是测定化合物中痕量和超痕量金属元素或少数非金属元素的有效方法，具有以下优点：

（1）灵敏度高。

常规分析中，大多数元素测定的灵敏度为 10^{-6} g/mL 数量级。火焰原子吸收分光光度法对大多数金属元素检测的灵敏度为 $10^{-10} \sim 10^{-8}$ g/mL，非火焰原子吸收分光光度法的绝对灵敏度可达 10^{-10} g/mL。

（2）选择性好，抗干扰能力强。

不同元素之间的干扰一般很小，对大多数样品只需要进行简单的处理，可不经复杂分离即可测定多种元素。

（3）快速、应用广泛，能直接测定 70 多种元素。如 K、Na、Mg 等碱土金属，Fe、Co、Ni、Cr 等有色金属，Ag、Au、Pd 等贵金属元素等。

2. 缺点

原子吸收分光光度法的应用有一定的局限性，主要表现在以下 3 个方面：

（1）工作曲线的线性范围窄，一般为一个数量级范围。

（2）通常测定一种元素要使用一种元素灯，使用起来不方便。

（3）对难溶元素（如 W、Nb、Ta、Zr、Hf、稀土等）和非金属同时进行多种元素的分析，目前尚有一定困难。

任务三　认识原子吸收分光光度计

一、常见生产厂家和仪器型号

原子吸收分光光度法所用的仪器为原子吸收分光光度计，作为一种发展成熟的分析仪器，国内外有各种型号。例如，国外有 PerkinElmer（珀金埃尔默）公司的 AAnalyst 200、AAnalyst 300、AAnalyst 400、AAnalyst 700 等型号，Shimadzu（岛津）公司的 AA-6200、AA-6300（图 2-23）、AA-6800 等型号；国内有北京瑞利公司的 WFX110A（B）、WFX120A（B）、WFX130A（B）、WFX810 等型号，北京普析通用公司的 TAS-986（图 2-24）、TAS-990 等型号，上海精密科学仪器有限公司分析仪器总厂的 AA320N、AA360CRT、AA370MC 等型号。

图 2-23　岛津公司的 AA-6300 原子吸收分光光度计

图 2-24　北京普析通用公司的 TAS-986 原子吸收分光光度计

二、主要构造

原子吸收分光光度计有单光束、双光束等结构形式,其主要构成部分包括光源、原子化器、单色器、检测系统、数据记录与处理系统,如图 2-25 所示。有的仪器还有背景校正系统、自动进样系统等。

图 2-25　原子吸收分光光度计的主要构成部分

下面选取其中的部分构件进行介绍。

1. 光源

(1) 作用。

光源用于发射特征谱线,照射待测元素原子蒸气。由于光源必须能发射待测元素的特征谱线,因此都是由含有待测元素的材料制成的。

(2) 空心阴极灯。

空心阴极灯是目前最常用的光源,如图 2-26 所示。空心阴极灯中含有一个内壁由含待测元素的材料制成的圆柱形空心阴极和一个由钨棒制成的阳极。阴极、阳极密封在带有光学窗口的玻璃管内,内部充满氖气或氩气等惰性气体。空心阴极灯发射的光谱主要是阴极元素的光谱,当在两极上加上 $300\sim500$ V 电压时,即可发射出待测元素的特征谱线。对于单元素构成的空心阴极灯,其缺点是测定不同的元素时必须更换不同的灯。多元素空心阴极灯则可以克服此缺点,可同时发射多种元素的特征谱线,通过更换波长,就能实现不同元素的测定,但干扰也较大。

2. 原子化器

原子化器的作用是提供能量,使试样干燥、蒸发并转化为所需的基态原子蒸气,从而将被测元素由试样转为气相,并转化为基态原子。

(1) 原子化器的分类。

原子化器主要有 4 种类型:火焰原子化器、石墨炉原子化器、氢化物发生原子化器及冷蒸气发生原子化器。

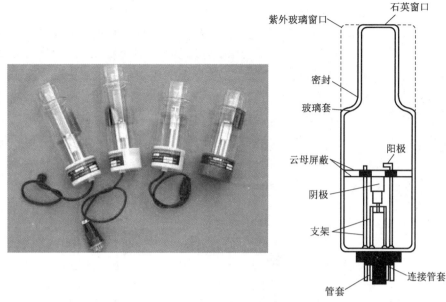

图 2-26　空心阴极灯

① 火焰原子化器:由雾化器及燃烧灯头等主要部件组成。其功能是将供试品溶液雾化成气溶胶后,再与燃气混合,使其进入燃烧灯头产生的火焰中,干燥、蒸发、离解,从而使待测元素形成基态原子。燃烧火焰由不同种类的气体混合物构成,常用的是乙炔-空气火焰。改变燃气和助燃气的种类及比例可控制火焰的温度,以获得较好的火焰稳定性和测定灵敏度。

② 石墨炉原子化器:由电热石墨炉及电源等部件组成。其功能是将供试品溶液干燥、灰化,再经高温原子化使待测元素形成基态原子。一般以石墨作为发热体,炉中通入保护气,以防氧化并能输送试样蒸气,其升温过程如图 2-27 所示。

图 2-27　石墨炉原子化器升温过程

③ 氢化物发生原子化器:由氢化物发生器和原子吸收池组成,可用于砷、锗、铅、镉、硒、锡、锑等元素的测定。其功能是将待测元素在酸性介质中还原成沸点低、受热易分解的氢化物,再由载气导入由石英管、加热器等组成的原子吸收池,在吸收池中氢化物被加热分解,并形成基态原子。

④ 冷蒸气发生原子化器:由汞蒸气发生器和原子吸收池组成,专门用于汞的测定。其功能是将供试品溶液中的汞离子还原成汞蒸气,再由载气导入石英原子吸收池进行测定。

（2）原子化过程。

样品的原子化过程直接影响测定的灵敏度和精密度，下面以应用最为广泛的预混合型火焰原子化器为例来介绍样品的原子化过程。预混合型火焰原子化器由喷雾器、雾化室和燃烧器组成，如图 2-28 所示。喷雾器的作用是使试液分散为雾滴。助燃气高速通过雾化器时，可在气管管口形成负压，将试液吸入毛细管并分散成液滴，碰在撞击球上，进一步分散成细雾。细雾在雾化室中与一定比例的燃气、助燃气充分混合后在燃烧器上形成火焰燃烧，实现样品原子化。样品的原子化过程受到雾化效果、火焰温度、火焰氧化还原性、透射性等许多因素影响，其中燃气、助燃气的种类和比例可以改变火焰温度、火焰氧化还原性等，因此，在实验前应根据具体样品，选择最适合的各种原子化的条件。

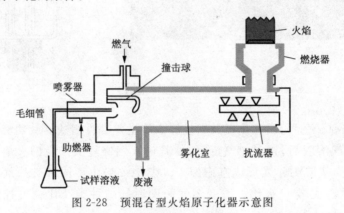

图 2-28　预混合型火焰原子化器示意图

3. 单色器

其作用是将所需的共振吸收特征谱线与其他邻近干扰谱线分开。单色器的结构由色散元件和狭缝组成，其关键部件是色散元件，通常采用衍射光栅。单色器通常配置在原子化器后面。

4. 检测系统

检测系统主要由检测器、放大器、对数变换器、显示装置组成。检测器的作用：及时跟踪、记录吸收信号。目前常使用光电倍增管作为检测器，检测器输出的信号要求灵敏度高、噪声低、稳定性好。放大器可改善信噪比。对数变换器将吸收前后的光强度的变化与试样中的待测元素的浓度的关系进行对数变换。显示装置是将测定值最终由指示仪表显示出来。

5. 背景校正系统

背景干扰是原子吸收测定中的常见现象。背景吸收通常来源于样品中的共存组分及其在原子化过程中形成的次生分子或原子的热发射、光吸收和光散射等。常用的背景校正法有 4 种：连续光源（在紫外区通常用氘灯）、塞曼效应、自吸效应、非吸收线。

　　在原子吸收分光光度法分析中,必须注意背景以及其他原因对测定的干扰。某些工作条件(如波长、狭缝、原子化条件)的变化可影响仪器的灵敏度、稳定程度和干扰情况。在火焰原子吸收分光光度法测定中,可通过选择适宜的测定谱线和狭缝、改变火焰温度、加入络合剂或释放剂、采用标准加入法等方法消除干扰;在石墨炉原子吸收分光光度法测定中,可通过选择适宜的背景校正系统、加入适宜的基体改进剂等方法消除干扰。具体方法应按各品种项下的规定选用。

三、原子吸收分光光度计的使用

1. 原子吸收分光光度计的使用步骤

　　下面以乙炔、空气作为燃气、助燃气的原子吸收分光光度计为例,介绍其一般操作步骤。

　　(1) 开机准备。

　　① 开启稳压电源,开主机电源开关。

　　② 安装空心阴极灯(国外生产的一些仪器的空心阴极灯已经安装好,可不必安装)。

　　装上待测元素空心阴极灯,打开灯开关,调节灯电流(一般不超过 10 mA),预热 20～30 min。设置波长于待测元素的特征波长处。

　　③ 光源对光。不点火焰,使光束直接照射检测器。通过调节灯的高低、左右、前后位置,使检测器得到最大的透光率(100%),此时空心阴极灯位于单色器的光轴上。

　　④ 开启气源。打开空气压缩机电源,使输出压力不超过 0.4 MPa。打开乙炔钢瓶主阀、减压阀,使减压阀的输出压力不超过 0.1 MPa。

　　⑤ 开启排风扇和冷却水。

　　⑥ 检查气路有无泄漏,废液排放管出口是否已水封。

　　(2) 燃烧器对光(有的仪器不必调节)。

　　① 初步调整。不点火,把对光器置于燃烧缝隙上,调节燃烧器至最大透光率。

　　② 进一步调节。点火,吸喷一份标准溶液,调节燃烧器前后位置,直到获得最大吸光度值即可。此时燃烧器的缝隙应平行于空心阴极灯光轴且略偏低 3～8 mm。调好后,在使用过程中不再进行调节。

　　(3) 喷雾器调节(有的仪器不必调节)。

　　① 将喷雾器从雾化室一端取下,调节空气至一定流量,将毛细管插入水中,观察喷雾情况。理想的喷雾效果是喷出的细雾可随气流行走而无明显液滴凝结。

　　② 撞击球的位置。靠近喷嘴并与之相切的位置,细化雾滴效果较好,但有可能增加噪声。撞击球的轴心稍低于喷雾器轴心效果较好。

③ 设置一定的乙炔、空气流量。通过在一定的火焰燃烧条件下,测量一定时间内样品溶液的吸入量(喷雾器提升量)、废液量,计算雾化效率。雾化效率＝(喷雾器提升量－废液量)/喷雾器提升量,雾化效率越高越好。

(4) 设置仪器测试参数。

自动化程度较高的仪器可以调出待测元素的推荐测试参数,直接进行设置。

(5) 点火。

① 打开气路电源总开关和按"助燃气"钮(按键),由仪器自动设置或通过手动调节助燃气稳压阀,使压力表指示达到需要值。根据需要,可选择是否使用辅助气,前提是辅助气不降低吸收灵敏度。

② 按"乙炔流量"钮(按键),由仪器自动设置或通过手动调节使压力表指示达到需要值。

③ 按下"点火"钮(按键)约几秒,使燃烧头点燃。若几秒后火焰不能点燃,应停止点火,适当增加乙炔流量后重新点火。也可以先按下"点火"钮(按键),待白金丝发红后按"乙炔流量"钮(按键)。

(6) 调零。

将毛细管插入空白试剂中,待吸光度稳定后按自动"调零"钮(按键)。

(7) 测定。

① 标准溶液测定。按由低到高的浓度顺序,将毛细管插入标准溶液,待吸光度显示稳定后按"测定"钮(按键),依次测定。

② 供试品溶液测定。将毛细管插入纯化水中,调零后再将进样毛细管插入供试品溶液,待吸光度显示稳定后按"测定"钮(按键),记录结果。

(8) 关机。

① 测试完毕后,在点火状态下吸喷干净的纯化水清洗原子化器几分钟。

② 关闭燃气钢瓶主阀,待管路中余气燃净火焰熄灭后关闭燃气阀门。

③ 关闭仪器的燃气、助燃气旋钮及气路电源总开关,将灯电流旋至零。

④ 关闭仪器电源,关闭稳压电源。

⑤ 关闭排风扇和冷却水。

⑥ 关闭空气压缩机并释放剩余气体,并用滤纸将燃烧头缝擦干净。

⑦ 罩好仪器罩,填写仪器使用记录。

2. 使用注意事项

(1) 若用到乙炔、氢气、"笑气"(N_2O),必须检查气路,保证无泄漏。实验室内必须保持通风,避免明火。若发现泄漏,应立即关闭气阀,进行检查。

(2) 雾化室的废液排出管应水封,防止燃气通过此处泄漏,引起火灾。

(3) 空心阴极灯电流不得大于 10 mA,使用时应轻拿轻放,以免损坏阴极或产生裂纹而漏气损坏。不使用的灯应干燥保存,每 3 个月点燃 30 min。

(4)点火前应先通助燃气,再通燃气;熄火时先关燃气,后关助燃气。

(5)操作者不可在火焰长时间燃烧时离开仪器。实验完毕离开实验室前检查水、电、气。

四、原子吸收分光光度计的类型

按光束分,常用的原子吸收分光光度计有单光束型原子吸收分光光度计和双光束型原子吸收分光光度计。此外还有同时测定多元素的多波道型原子吸收分光光度计。

1. 单光束原子吸收分光光度计

只有一个单色器,外光路只有一束光。这种仪器结构简单,有较大亮度,较高的灵敏度,价格低廉,便于维护。其缺点是由于光源辐射不稳定,基线易漂移。

2. 双光束原子吸收分光光度计

由光源发射的共振线被切光器分解成两束光,一束光通过原子化器,另一束光作为参比不通过原子化器,两束光交替进入单色器和检测器。其缺点是不能消除原子化系统的不稳定性和背景吸收的影响,而且仪器结构复杂,价格高昂。

任务四 原子吸收分光光度法在药物分析中的应用

原子吸收分光光度法在药物分析中主要用于药物中微量金属杂质的检查和所含金属元素或其化合物的含量测定两方面。

一、药物中微量金属杂质的检查

《药典》(2015 年版)一部中用本法检查西洋参、白芍、甘草、丹参、金银花等中药材中所含的铅、镉、汞、砷、铜等重金属的限量;《药典》(2015 年版)二部中用本法检查肝素钠中钾盐的限量,碳酸锂中钾、钠的限量,维生素 C 中铜、铁的限量等。

具体方法按《药典》(2015 年版)规定:按各品种项下的规定,制备供试品溶液;另取等量的供试品,加入限度量的待测元素溶液,制成对照品溶液。用原子吸收分光光度法,按相同条件分别测定对照品溶液(吸光度为 a)、供试品溶液(吸光度为 b)的吸光度,若 $b < (a - b)$,则供试品中金属杂质含量小于杂质限量。

二、药物中金属元素或其化合物的含量测定

原子吸收分光光度法的定量分析方法主要有标准曲线法、标准加入法两种,下面简要介绍这两种方法及其应用。

1. 标准曲线法

标准曲线法是最常用的定量方法。其基本步骤如下:

（1）制备供试品溶液。

（2）制备一系列含待测元素的、浓度依次递增的标准溶液（至少 3 份），即 c_1，c_2，c_3，…。

（3）依次测定各浓度标准溶液的吸光度，每一浓度测定 3 次，记录读数，取平均值，得 A_1，A_2，A_3，…。

（4）以每一浓度的吸光度的平均值为纵坐标，相应浓度为横坐标，绘制 A-c 标准曲线（方程）。

（5）测定供试品溶液吸光度，取 3 次读数的平均值，代入标准曲线（方程），得相应的浓度。

例如，《药典》（2015 年版）测定复方乳酸钠葡萄糖注射液中氯化钾的含量时，供试品溶液的制备：精密量取供试品 10 mL，置于 100 mL 容量瓶中，加水稀释至刻度，摇匀；再精密量取所配溶液 10 mL，置于 100 mL 容量瓶中，加水稀释至刻度，摇匀，作为供试品溶液。

标准溶液的制备：精密量取配制好的氯化钾对照品溶液（每 1 mL 约含氯化钾 15 μg）15 mL、20 mL、25 mL，分别置于 100 mL 容量瓶中，各精密加入下述溶液［取乳酸钠 0.31 g，氯化钠 0.60 g，氯化钙（$CaCl_2 \cdot H_2O$）0.02 g 及无水葡萄糖 5.00 g，置于 100 mL 容量瓶中，加水稀释至刻度］1.0 mL，加水稀释至刻度，摇匀。

将上述标准溶液与供试品溶液分别按照原子吸收分光光度法，在 767 nm 波长处测定，计算。

2. 标准加入法

当试样基质影响较大，无法得到纯净的基质，或者供试品中所含待测元素极微量时，可以考虑采用此法。其基本步骤如下：

（1）制备相同体积的供试品溶液 4 份，分别置于 4 个同体积的容量瓶中。

（2）除第一个容量瓶外，其他容量瓶分别精确加入不同量的待测元素，制成一系列溶液，加入的待测元素的量依次递增，如 c_x，$c_x + c_0$，$c_x + 2c_0$，$c_x + 3c_0$。

（3）依次测定以上各浓度标准溶液的吸光度，每一浓度测定 3 次，记录读数，取平均值，得 A_0，A_1，A_2，A_3。

（4）以每一溶液的吸光度的平均值为纵坐标，相应加入的待测元素的量为横坐标，绘制校正曲线。

（5）延长此直线至与横坐标的延长线相交，此交点与原点间的距离即相当于供试品溶液取用量中所含待测元素的量，如图 2-29 所示。

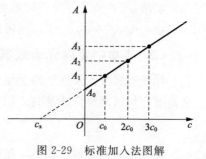

图 2-29　标准加入法图解

任务五 营养盐中钙、铁含量的测定(实训)

一、实训目的

(1)熟练掌握称量、溶解、定容、移液管取样等操作。

(2)会熟练使用原子吸收分光光度计。

(3)能及时正确地记录实验数据,并会判断结果。

二、实训原理

利用待测元素的共振辐射,通过其原子蒸气测定其吸光度的装置称为原子吸收分光光度计。元素在热解石墨炉中被加热原子化,成为基态原子蒸气,对空心阴极灯发射的特征辐射进行选择性吸收。在一定浓度范围内,其吸收强度与试液中被测物质的浓度成正比。其定量关系可用 Lambert-Beer 定律表示:

$$A = -\lg (I/I_0) = -\lg T = Kcl$$

式中: I——透射光的强度;

$\quad\quad I_0$——发射光的强度;

$\quad\quad T$——透射比;

$\quad\quad l$——光通过原子化器的光程(长度),每台仪器的 l 值是固定的;

$\quad\quad c$——被测样品的浓度。

所以,$A = Kc$。

此法具有灵敏度高、选择性好两大优点,主要用于痕量元素杂质的分析,也可广泛应用于特种气体、金属有机化合物、金属醇盐中微量元素的分析,但是由于测定每种元素均需要相应的空心阴极灯,这对检测工作带来不便。

三、仪器与试剂

1. 仪器

电子天平(感量 0.1 mg),烧杯(100 mL),量筒,洗瓶,容量瓶(100 mL),原子吸收分光光度计,钙、铁元素空心阴极灯。

2. 试剂

食用营养盐、浓盐酸(优级纯)、质量分数为 2% 的盐酸、钙标准储备液(质量浓度为 1 000 μg/mL)、铁标准储备液(质量浓度为 1 000 μg/mL)、镧盐溶液(质量浓度为 50 g/L)、钙标准中间液(质量浓度为 100 μg/mL)、铁标准中间液(质量浓度为 100 μg/mL)。

四、实训内容

1. 标准溶液的配制和工作曲线的绘制

标准溶液的配制:分别吸取钙、铁标准储备液 10 mL 于 4 个 100 mL 容量瓶中,用质量分数为 2% 的盐酸定容。于一组 100 mL 容量瓶中分别加 0.00 mL、2.00 mL、4.00 mL、6.00 mL、8.00 mL、10.00 mL 钙标准中间液(质量浓度为 100 μg/mL),于另一组 100 mL 容量瓶中分别加 0.00 mL、2.00 mL、4.00 mL、6.00 mL、8.00 mL、10.00 mL 铁标准中间液(质量浓度为 100 μg/mL),各加入 2 mL 盐酸,并用水稀释至刻度。分别将钙标准溶液、铁标准溶液按表 2-7 所示的仪器条件测定吸光度,然后绘制钙、铁标准曲线。

表 2-7　仪器条件

元　素	波长/nm	灯电流/mA	光谱带宽/nm	燃烧器高度/mm
钙	422.7	3.0	0.5	3.0
铁	248.3	7.0	0.2	4.0

2. 样品测定

称取食用营养盐 0.500 0 g,置于 100 mL 烧杯中,然后加水 10 mL、盐酸 2 mL,加热溶解后置于 100 mL 容量瓶中定容,即可直接用于测定铁的含量。吸取样品溶液 10 mL 于 50 mL 容量瓶中,加 1 mL 镧盐溶液,用质量分数为 2% 的盐酸定容,用于测定钙的含量。

五、结论

(1) 原子吸收分光光度法具有灵敏度高、快速、干扰小的特点。

(2) 该方法测定的精密度在 2.61%～4.66% 之间,加标回收率在 98.3%～101.4% 之间,方法准确、可靠。

目标检验

一、填一填

1. 火焰原子化器是利用_____实现待测元素的原子化,而石墨炉原子化器以_____实现原子化。

2. 火焰原子化方法中常采用的燃气是_____,助燃气是_____。

3. 在原子吸收分光光度计中,通常所用的检测器是_____。

二、选一选

1. 原子吸收分光光度法属于(　　)。

　　A. 吸收光谱法　　B. 发射光谱法　　C. 色谱法　　　　D. 电化学法

2. 原子吸收分光光度法是通过(　　)对来自光源的特征谱线的吸收程度进行定量分析的。

A. 样品分子　　　　　　　　　B. 待测元素离子蒸气

C. 待测元素基态原子蒸气　　　D. 待测元素激发态原子蒸气

3. 原子吸收分光光度法分析测定某药物中汞、砷的含量宜采用的原子化方式是（　　）。

A. 贫燃性火焰原子化法　　　　B. 富燃性火焰原子化法

C. 石墨炉原子化法　　　　　　D. 氢化物发生原子化法

4. 石墨炉原子吸收分光光度法与火焰原子吸收分光光度法相比，其优点是（　　）。

A. 灵敏度高　　　B. 重现性好　　　C. 分析速度快　　　D. 背景吸收小

5. 原子吸收分析中光源的作用是（　　）。

A. 提供样品分子蒸发和激发所需的能量

B. 发射待测元素的特征谱线

C. 产生一定波长范围内的连续光谱

D. 产生有足够强度的散射光

三、想一想

1. 什么是原子吸收分光光度法？它可用于测定什么物质？

2. 原子吸收分光光度法的定量依据是什么？药物分析中常用的定量分析方法有哪些？

3. 原子吸收分光光度计的主要构成部件有哪些？与紫外-可见分光光度计在构成方面存在哪些差异？

4. 原子吸收分光光度法在药物分析中主要运用在哪些方面？

四、算一算

1. 原子分光光度法测定口服补液盐Ⅱ（电解质补充药）中钠含量：精密称取口服补液盐Ⅱ 0.697 5 g，置于 250 mL 容量瓶中，用水溶解并稀释至刻度，摇匀；再精密量取 1 mL 所配溶液，置于 100 mL 容量瓶中，加质量分数为 10% 的氯化锶溶液 4 mL，加水至刻度，摇匀。照原子吸收分光光度法，在 589.0 nm 波长处测定吸光度，测得吸光度为 0.600。另配制 3 份不同浓度的标准钠溶液，同法测定，测得的吸光度如下（空白溶剂调零）：

钠标准溶液浓度/($\mu g \cdot mL^{-1}$)	0.00	1.000	2.000	3.000
吸光度 A	0	0.322	0.654	0.914

口服补液盐Ⅱ每包装量为 13.95 g，求每包口服补液盐Ⅱ中含钠多少克？

2. 碱式碳酸铋中铅盐的检查：取本品 3.0 g 两份，分别置于 50 mL 容量瓶中，各加硝酸 10 mL，溶解后，一份中加水稀释到刻度，摇匀，作为供试品溶液；另一份中加入标准铅溶液（10 μg/mL）6 mL，加水稀释至刻度，摇匀，作为对照品溶液。照原子吸收分光光度法,在 283.3 nm 波长处分别测定吸光度,测得对照品溶液吸光度 a 为 0.487,供试品溶液吸光度 b 为 0.345,请问此碱式碳酸铋中铅盐含量是否符合规定? 按此法规定的碱式碳酸铋中铅盐限量是多少?

知识拓展:原子发射光谱法

1762 年,德国 A. S. 马格拉夫(A. S. Marggraf)首次观察到钠盐或钾盐可使酒精灯火焰变成黄色或紫色的现象,并提出可据此鉴定和区别二者;1859 年,G. R. 基尔霍夫(G. R. Kirchhoff)和 R. W. 本生(R. W. Bunsen)合作,共同设计制造了以本生灯为光源的第一台以光谱分析为手段的光谱仪器。与原子吸收分光光度法(AAS)原理相反,原子发射光谱法(AES)是利用原子或离子在一定条件下受激发而发射出的特征光谱来研究物质化学组成的分析方法,属于发射光谱。根据激发机理不同,原子发射光谱有 3 种类型:火焰光度法、原子荧光光谱法、X 射线荧光光谱法。原子发射光谱法可同时进行多种元素的测定,广泛用于金属、矿石、合金和各种材料的分析检验。

模块三　色谱分析技术

项目一　气相色谱法

知识目标

1. 了解气相色谱法的基本知识和基本原理。
2. 掌握气相色谱法中的常用术语。
3. 熟悉气相色谱仪的基本结构、操作方法及其注意事项。
4. 掌握气相色谱的定性方法和定量方法。

技能目标

1. 能正确配制供试品溶液和对照品溶液。
2. 能熟练操作常用型号的气相色谱仪。
3. 能对定性、定量分析结果进行分析判断。

任务一　头孢克洛残留量的测定

一、头孢克洛残留量的测定方法（《药典》描述）

精密称取本品约 0.2 g，置于顶空瓶中，精密加内标溶液（每 1 mL 中约含正丙醇 20 μg 的 0.2 mol/L 的氢氧化钠溶液）5 mL 溶解，密封，作为供试品溶液。精密称取二氯甲烷适量，用内标溶液定量稀释制成每 1 mL 中约含二氯甲烷 20 μg 的溶液，精密量取 5 mL，置于顶空瓶中，作为对照品溶液。照残留溶剂测定法（2015 年版《药典》通则 0861）测定，以聚乙二醇（PEG-20M，或极性相近的物质）为固定液的毛细管柱作为色谱柱，柱温为 60 ℃，进样口温度为 120 ℃，检测器温度为 150 ℃，顶空瓶平衡温度为 80 ℃,平衡时间为 20 min。取对照品溶液顶空进样,二氯甲烷峰和正丙醇峰间的分离度应大于 2.0。取对照品溶液和供试品溶液分别顶空进样,记录色谱图,按内标法以峰面积比值计算,二氯甲烷的残留量应符合规定。

二、操作步骤

1. 开机

开气(按相应的检测器所需气体);打开电源,自检完毕,进入 Windows 页面,双击"联机"图标,工作站自动与气相色谱仪连接。

2. 溶液制备

供试品溶液制备:精密称取本品约 0.2 g,置于顶空瓶中,精密加内标溶液(每 1 mL 中约含正丙醇 20 μg 的 0.2 mol/L 的氢氧化钠溶液)5 mL 溶解,密封,作为供试品溶液。

对照品溶液制备:精密称取二氯甲烷适量,用内标溶液定量稀释制成每 1 mL 中约含二氯甲烷 20 μg 的溶液,精密量取 5 mL,置于顶空瓶中,作为对照品溶液。

3. 进样操作

系统适用性实验:取对照品溶液顶空进样,二氯甲烷峰和正丙醇峰间的分离度应大于 2.0。

进样:取对照品溶液和供试品溶液分别顶空进样,记录色谱图。计算结果,图谱附原始记录。

4. 关机

退出化学工作站。退出所有的应用程序,关闭 PC,关闭打印机电源,在主机键盘上关闭 FID 气体(H_2,空气)。同时关闭 FID 检测器,降温各热源。

待温度降下来后(低于 50 ℃),关闭气相色谱仪电源,关载气。

三、结果计算

根据对照品溶液和供试品溶液色谱图,按内标法以峰面积比值计算,二氯甲烷的残留量应符合规定。

课堂互动

请根据任务完成的情况,指出气相色谱仪的主要组成部分。

任务二 气相色谱法基本知识

一、色谱法简介

色谱法(chromatography)又称色谱分析法、层析法,是一种分离和分析方法,在分析化学、有机化学、生物化学等领域有着非常广泛的应用。色谱法的分离原理主要是利用不同物质的物理或化学性质的差别,以不同程度分布于两相中。其中一个相固定,称为固定相;另一个相流过此固定相进行冲洗,称为流动相。以流动相对固定相中的混合物进行洗脱,混合物中不同的物质会以不同的速度沿固定相移动,最终达到分离的效果。

1906 年,俄国植物学家米哈伊尔·茨维特用碳酸钙填充竖立的玻璃管,用石油醚洗脱植物色素的提取液,经过一段时间洗脱之后,发现植物色素在碳酸钙柱中实现了分离,由一条色带分散为数条平行的色带,如图 3-1 所示。由于这一实验将混合的植物色素分离为不同的色带,色谱法由此得名。这里的玻璃管就称为色谱柱,其中碳酸钙颗粒是固定不动的一相,称为固定相;纯石油醚是流动的一相,称为流动相。现在的色谱法早已不局限于色素的分离,不仅用于有色物质的分离,更多地用于无色物质的分离分析。

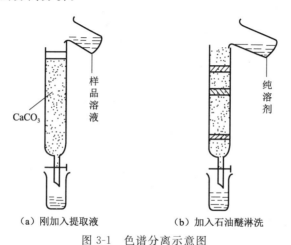

CaCO₃　样品溶液　纯溶剂

（a）刚加入提取液　（b）加入石油醚淋洗

图 3-1　色谱分离示意图

色谱法自创立以来,早已得到了极大的发展,现已成为分析领域中最活跃、发展最快、应用最广的分析方法之一。

二、色谱法的分类

1. 按两相所处的状态分类

按流动相的状态,色谱法可分为气相色谱法(GC)和液相色谱法(LC)。

（1）气相色谱法。

以气体为流动相的色谱法称为气相色谱法。固定相为固体时称为气-固色谱法,固定相为液体时称为气-液色谱法。

（2）液相色谱法。

以液体为流动相的色谱法称为液相色谱法。固定相为固体时称为液-固色谱法,固定相为液体时称为液-液色谱法。

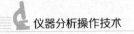

2. 按分离原理分类

按分离原理,色谱法可分为吸附色谱法、分配色谱法、离子交换色谱法、分子排阻色谱法、亲和色谱法、化学键合相色谱法等。

(1) 吸附色谱法。

用吸附剂作固定相时,利用吸附剂表面对不同组分吸附能力的差异来进行分离的方法。常用的吸附剂有氧化铝、硅胶、聚酰胺等。

(2) 分配色谱法。

用液体作固定相时,利用不同物质在两相中分配系数的差异进行分离的方法。负载固定相(液)的惰性物质称为载体,也称担体。常用的载体有硅胶、硅藻土、硅镁型吸附剂、纤维素粉等。

(3) 离子交换色谱法。

用离子交换剂作固定相,利用不同物质在离子交换剂上交换能力的差异进行分离的方法。

(4) 分子排阻色谱法。

又称凝胶色谱法,指用凝胶(分子筛)作固定相时,利用凝胶对大小不同的分子组分有着不同的阻滞作用(或渗透作用)来进行分离的方法。

(5) 亲和色谱法。

将具有生物活性的配基(抗原-抗体互称为配基)键合在不溶性载体或基质表面上形成固定相,利用蛋白质或生物大分子与固定相表面上配基的专属性亲和力进行分离的色谱法。

(6) 化学键合相色谱法。

将固定相的官能团通过化学反应键合在载体表面上形成化学键合相,利用被分离物质在两相中分配系数的不同进行分离的方法。

3. 按操作形式分类

按操作形式,色谱法可分为柱色谱法和平面色谱法。

(1) 柱色谱法。

固定相装在色谱柱中。

(2) 平面色谱法。

包括纸色谱法和薄层色谱法。纸色谱法是指在滤纸上进行色谱分离的方法。它以滤纸作载体,以吸附在滤纸上的水作固定相,从分离原理讲一般属于分配色谱。薄层色谱法是指将吸附剂涂在玻璃板、塑料板或铝基片上制成薄层作固定相,在此薄层上进行色谱分离分析的方法。

三、气相色谱法

以气体为流动相的柱色谱法称为气相色谱法,或称气相层析法。它是由英国生物学家 Martin(马丁)和 Synge(辛格)等人在研究液-液分配色谱法的基础上,于 1952 年创立的,是一种高效的分离分析方法。目前已经广泛用于多组分的复杂混合物的分离分析。

1. 气相色谱法的优点

(1) 高分离效能。

可在短时间内分离分析组成极为复杂而又难以分离的混合物。如利用空心毛细管柱一次可分离含 100 多个组分的挥发油或烃类混合物。

(2) 选择性高。

能分离分析性质极为相近的有机化合物。如有机化合物中的同分异构体、同系物,用一般的方法难以分离,但是选用合适的固定相,各组分微小的差别即可被分离检测。

(3) 灵敏度高。

使用高灵敏度的检测器(如电子捕获检测器)可以检测出 $10^{-13} \sim 10^{-11}$ g 的物质。适用于痕量分析,如药物中残留溶剂的检测、中药中农药残留量的检测。

(4) 应用范围广。

既可分析无机化合物,又可分析有机化合物。分析对象可以是气体,也可以是易挥发或者经衍生转化成易挥发的液体和固体。据统计,在全部有机化合物中,能用气相色谱法直接分析的约占有机化合物总数的 20%。

(5) 操作简单,分析快速。

一般只需几分钟至几十分钟即可完成一个分析周期。仪器自动化程度高,随着计算机在色谱仪上的普遍应用,不仅能快速准确地处理数据,而且能对色谱条件进行自动控制,打印检验报告,工作效率高。

2. 气相色谱法的缺点

受试样蒸气压限制,不能直接分析相对分子质量大、极性强、挥发性小、热稳定性差的物质。采用化学衍生化法改变样品性质,可以扩大应用范围。

四、基本概念

1. 色谱图

色谱柱流出物通过检测器时所产生的响应信号对时间的曲线图称为色谱流出曲线,又称色谱图,如图 3-2 所示。其纵坐标为信号强度(mV),横坐标为保留时间(min)。

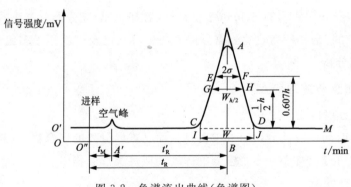

图 3-2　色谱流出曲线(色谱图)

2. 基线

在正常操作条件下,仅有流动相通过检测器时所产生的响应信号的曲线。它的平直与否可反映出实验条件的稳定情况。基线在稳定的条件下应是一条水平的直线。

3. 色谱峰

色谱流出曲线的突起部分称为色谱峰。正常的峰形应该是对称的,呈正态分布。不正常的色谱峰有拖尾峰和前延峰两种。拖尾峰是前沿陡峭,后沿拖尾的不对称峰。前延峰是前沿平缓,后沿陡峭的不对称峰。

4. 峰高(h)

峰最大值到峰底的距离。

5. 峰(底)宽(W)

峰两侧拐点处所作切线与峰底相交两点之间的距离。也就是说,从色谱峰两侧的转折点(拐点)作切线,在基线上的截距称为峰(底)宽,简称峰宽。

6. 半峰宽($W_{h/2}$)

峰高一半处色谱峰的宽度。由于色谱峰顶呈圆弧形,因此色谱峰的半峰宽并不等于峰(底)宽的一半。

7. 标准偏差(σ)

0.607 倍峰高处所对应峰宽的一半。

8. 峰面积(A)

峰与峰底之间的面积,又称响应值。

9. 死时间(t_M)

不被固定相滞留的组分从进样到出现峰最大值时所需的时间。

10. 保留时间(t_R)

组分从进样到出现峰最大值时所需的时间。

11. 调整保留时间(t'_R)

扣除了死时间的保留时间,即

$$t'_R = t_R - t_M \qquad (3\text{-}1)$$

12. 死体积(V_M)

不被固定相滞留的组分从进样开始到出现峰最大值时所需的流动相体积。也就是说,死体积是进样器至检测器出口未被固定相所占有的空间,即对应死时间的保留体积。

$$V_M = t_M F_C \qquad (3\text{-}2)$$

式中: F_C——柱内载气平均流量。

13. 保留体积(V_R)

组分从进样开始到出现峰最大值时所需的流动相体积,即对应保留时间的载气体积。

$$V_R = t_R F_C \qquad (3\text{-}3)$$

▶▶ 课堂互动

请在色谱图上指出峰高、半峰宽、保留时间等。

五、系统适用性试验

按各品种项下要求对色谱系统进行适用性试验,即用规定的对照品溶液或系统适用性试验溶液对规定的色谱系统进行试验,必要时可对色谱系统进行适当调整,以符合要求。

色谱系统的适用性试验通常包括理论塔板数、分离度、灵敏度、拖尾因子、重复性 5 个参数。其中,分离度和重复性尤为重要。

1. 理论塔板数

用于评价色谱柱的分离效能。由于不同物质在同一色谱柱上的色谱行为不同,采用理论塔板数作为衡量柱效能的指标时,应指明测定物质,一般为待测组分或内标物质的理论塔板数。

在规定的色谱条件下,注入供试品溶液或各品种项下规定的内标物质溶液,记录色谱图,得出供试品主成分峰或内标物峰的保留时间(t_R)和半峰宽($W_{h/2}$)。色谱柱的理论塔板数 n 的计算公式如下:

$$n = 5.54(t_R/W_{h/2})^2 \qquad (3\text{-}4)$$

2. 分离度

用于评价待测组分与被分离物质之间的分离程度,是衡量色谱系统分离效能的关键指标。

可以通过测定待测物质与已知杂质的分离度,也可以通过测定待测组分与某一添加的指标性成分(内标物质或其他难分离物质)的分离度,或将供试品或者对照品用适当方法降解,通过测定待测组分与某一降解产物的分离度对色谱系统进行评价与控制。

无论是定性鉴别还是定量分析,均要求待测峰与其他峰、内标峰或特定的杂质对照峰之间有较好的分离度。除另有规定外,待测组分与相邻共存物之间的分离度应大于1.5。分离度的计算公式为:

$$R = 2(t_{R2} - t_{R1})/(W_1 + W_2)$$

(3-5)

式中: t_{R2}——相邻两峰中后一峰的保留时间;

t_{R1}——相邻两峰中前一峰的保留时间;

W_1、W_2——相邻两峰的峰宽。

3. 灵敏度

用于评价色谱系统检测微量物质的能力,通常以信噪比(S/N)来表示。通过测定一系列不同浓度的供试品或对照品溶液来测定信噪比。定量测定时,信噪比应不小于10;定性测定时,信噪比应不小于3。

4. 拖尾因子

用于评价色谱峰的对称性,如图3-3所示。为保证分离效果和测量精度,应检查待测峰的拖尾因子是否符合各品种项下的规定。

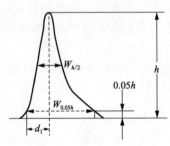

图 3-3 拖尾因子的计算

其计算公式为:

$$T = W_{0.05h}/(2d_1)$$

(3-6)

式中: $W_{0.05h}$——5%峰高处所对应的峰宽度;

d_1——峰顶点至峰前沿之间的距离。

拖尾因子在0.95～1.05之间为对称峰,小于0.95为前延峰,大于1.05为拖尾峰。以峰面积作为定量参数时,一般的峰拖尾或前伸不会影响峰面积积分,但严重拖尾会影响基线和色谱峰起止的判断和峰面积积分的准确性,此时应在品种正文项下对拖尾因子做出规定。

5. 重复性

用于评价连续进样中色谱系统响应值的重复性能。采用外标法时,通常取各品种项下的对照品溶液,连续进样 5 次,除另有规定外,其峰面积测量值的相对标准偏差 RSD 应不大于 2.0%;采用内标法时,通常需先配制质量分数为 80%、100% 和 120% 的对照品溶液,再加入规定量的内标溶液,配成 3 种不同浓度的溶液,之后分别至少进样 2 次,计算平均校正因子,其相对标准偏差 RSD 应不大于 2.0%。

课堂互动

请简述系统适用性试验的参数及要求。

任务三　认识气相色谱仪

一、气相色谱仪的组成

目前国内外生产的气相色谱仪型号很多,性能各异,但其基本结构都包括气路系统、进样系统、柱分离系统、检测系统、温度控制系统和信号记录系统 6 大部分。其组成示意图如图 3-4 所示。

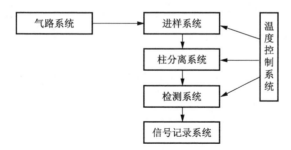

图 3-4　气相色谱仪的组成示意图

气相色谱仪的工作流程是载气(N_2 或 H_2)经减压阀减压后进入净化器,以一定的流量通过汽化室进入色谱柱。待载气流量,汽化室、色谱柱、检测器的温度以及记录仪的基线稳定后,试样由进样器注入汽化室,被载气带入色谱柱。由于色谱柱中的固定相对试样中不同组分的吸附能力或溶解能力不同,各组分在色谱柱中移动速度不同而逐渐分离,并先后流出色谱柱,进入检测器。检测器将各组分的浓度或质量流量转变成电信号,并经放大器放大后,通过记录仪即可得到其色谱图。

1. 气路系统

气路系统的功能是控制载气携带试样通过色谱柱,提供试样在色谱柱内运行的动力。气路系统包括气源、气体净化器、载气流速控制和检测器。气体由载气钢瓶供给,经减压阀减压,通过净化器除去水分、氧气、烃类有机小分子等杂质,经稳压阀、压力表、针形阀、流量控制器后进入色谱柱,由检测器排出,形成气路系统,如

图 3-5 所示。整个系统应保持密封,不得有气体泄漏。

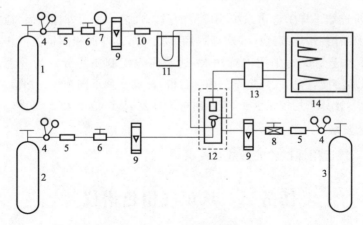

图 3-5　气相色谱仪

1—载气钢瓶(N_2);2—氢气钢瓶;3—空气钢瓶;4—减压阀;5—气体净化器;6—稳压阀;

7—压力表;8—针形阀;9—转子流量计;10—进样器及汽化室;11—色谱柱;

12—检测器(虚线表示恒温室);13—微电流放大器;14—记录仪

(1)气源。

气相色谱法所用的流动相称为载气。气源包括载气、检测器需要的辅助气。气源的来源有高压钢瓶和气体发生器,常用的是高压钢瓶。

常用的载气有氢气(H_2)、氮气(N_2)、氦气(He)和氩气(Ar)等,气体的纯度最好高于 99.999%。载气的选择及其纯度的要求主要取决于检测器、样品的性质、色谱柱及分析要求。

(2)气体净化器。

气体净化器通常是一根金属或塑料管,内装活性炭、分子筛或硅胶,可除去烃类、水分及其他杂质。

(3)载气流速控制。

利用压力表、流量计、针形阀、稳压阀来控制载气流速。流速是重要的操作参数,应注意控制载气流速恒定。

2. 进样系统

进样系统的功能是引入样品。它包括进样器、汽化室和控温装置。

(1)进样器。

进样器的作用是将样品引入装置。常用的进样器有微量注射器、六通阀、自动进样器和顶空进样器。

(2)汽化室。

汽化室的作用是使液体样品瞬间汽化为蒸气,以免汽化时间长引起分子扩散、峰形扩张。汽化室温度一般比柱温高 30~50 ℃。

（3）控温装置。

控温装置的作用是控制汽化室的温度。

3. 柱分离系统

柱分离系统主要包括色谱柱、柱箱和控温装置。其中色谱柱是气相色谱仪的核心部分,其功能是使试样在运行的同时得到分离。

（1）色谱柱的分类。

色谱柱通常可分为填充柱和毛细管柱。填充柱材质常用不锈钢或玻璃,形状有直形、U 形和盘形。不锈钢柱坚固耐用,使用方便,但其表面有催化活性,有时与样品发生反应;玻璃柱无催化活性,但易破碎。填充柱柱长一般为 0.5～5 m,最常用的分析用填充柱柱长 2 m,柱内径一般为 2～6 mm。毛细管柱材质常用玻璃或石英,一般柱长 5～100 m,有的几百米,以 30 m 最为常用,柱内径一般为 0.1～0.5 mm,市场上常见的有 0.1 mm、0.25 mm、0.32 mm、0.53 mm。

（2）色谱柱的老化。

新制备或者新购买的色谱柱以及久未使用的色谱柱在重新使用前都要做老化处理。老化的目的是除去填充物中残留的挥发性成分,并使固定液再一次均匀牢固地分布在载体表面上。一般处理方法是将色谱柱装入色谱仪中,接通载气,流速控制在 5～10 mL/min,以高于分析时的柱操作温度(一般高出 20～50 ℃,但不超过固定液最高使用温度)加热 24 h。毛细管柱通常老化 2～3 h。在老化过程中,柱出口最好不要连接检测器,让其放空。

4. 检测系统

检测器是气相色谱仪的关键部件,是将流出色谱柱的被测组分的浓度或质量转变为电信号的装置。对检测器的要求是:① 适合的灵敏度;② 稳定性、重现性好;③ 线性范围宽,可达几个数量级;④ 响应时间短,且不受流速影响;⑤ 选择性好。

检测器按检测原理可分为浓度型检测器和质量型检测器。浓度型检测器是用来测量载气中组分浓度的变化,其响应值与组分浓度成正比,如热导检测器(TCD)、电子捕获检测器(ECD);质量型检测器是用来测量载气中组分质量流速的变化,其响应值与单位时间进入检测器的组分质量成正比,如氢火焰离子化检测器(FID)、火焰热离子检测器(FTD)。

（1）热导检测器。

热导检测器具有结构简单、稳定性好、线性范围宽、几乎对所有物质都有响应、不破坏样品、价格低廉等优点,但是因大多数组分与载气热导率差别不大,灵敏度较低。

热导池由池体和热敏元件构成。池体常用铜块或不锈钢制成,热敏元件常用钨丝或铂丝。热导检测器是根据被测组分与载气的热导率的差别来检测组分浓度变化的,是一种通用浓度型检测器。

(2)电子捕获检测器。

电子捕获检测器是一种高选择性、高灵敏度的浓度型检测器。它主要对含有卤素、氮、硫、磷、氧等较大电负性原子的化合物响应,而且电负性越强,测定的灵敏度越高,能测出 1×10^{-14} g/mL 的物质,因此它特别适合于环境样品中卤代农药和多氯联苯等微量污染物的分析,被广泛应用于食品、中药材、中成药中农药残留量的检测。其缺点是线形范围窄。

(3)氢火焰离子化检测器。

氢火焰离子化检测器主体是一个由不锈钢制成的离子室,离子室包括气体入口、火焰喷嘴、发射极和收集极等部件。其结构如图 3-6 所示。

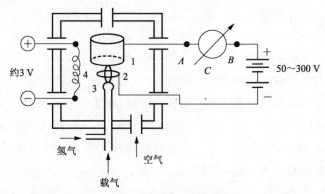

图 3-6　氢火焰离子化检测器
1—收集极;2—发射极;3—火焰喷嘴;4—点火线圈

其原理是利用氢气在空气助燃下燃烧产生的高温火焰作为能源,使含碳有机化合物在氢火焰中燃烧产生正、负离子,在外加电场作用下形成离子流,根据离子流产生的电信号强度检测被色谱柱分离出的组分。

(4)火焰热离子检测器。

火焰热离子检测器又称 NP 检测器。它对含 N 的有机化合物和含 P 的无机或有机化合物具有高度选择性,对 P 的响应是对 N 的响应的 10 倍,是对 C 原子的响应的 $10^4 \sim 10^6$ 倍。其灵敏度高,与对 P 和 N 的检测灵敏度相比,FTD 分别是 FID 的 500 倍(对 P)和 50 倍(对 N)。其主要用于药物分析、有机磷和有机氮杀虫剂的分析。需要注意的是:使用 FTD 时,不能使用含氰基固定液的色谱柱,比如 OV-1701。

下面将常用检测器的主要性能做一归纳比较,见表 3-1。

表 3-1 常用检测器的主要性能比较

检测器名称	TCD	ECD	FID	FTD
类 型	浓度型	浓度型	质量型	质量型
适用范围	永久气体、无机气体、有机化合物	电负性化合物	含碳的有机化合物	含氮、磷的有机化合物
检测限	10^{-5} mg/mL	5×10^{-11} mg/mL	10^{-10} mg/s	10^{-12} mg/s
线性范围	10^5	5×10^4	10^7	10^7
载气种类	H_2、He	N_2	N_2	N_2、He

5. 温度控制系统

其功能是控制并显示汽化室、色谱柱柱箱、检测器及辅助部分的温度。温度是气相色谱中最重要的操作条件,它直接影响柱的选择性和分离效能,并影响检测器的灵敏度和稳定性等。汽化室、色谱柱和检测器均需精密控制温度。一般汽化室温度最高,比柱温高 30~50 ℃。检测器温度一般也高于柱温,也可以与柱温相同。

6. 信号记录系统

其功能是记录并处理由检测器输出的电信号,给出试样定性、定量分析的结果。信号记录系统包括放大器和记录仪或者积分仪。记录仪是一种电子电位差计,可记录色谱图。积分仪可以数字形式显示各组分定性、定量的结果。近年来,随着计算机技术的发展,各种专用计算机已经广泛用于色谱数据的处理,还可以自动控制色谱仪操作过程。

▶▶ 课堂互动

气相色谱仪包括几大系统?

二、气相色谱仪的操作

1. 气路的安装与检漏

气路的安装与检漏流程图如图 3-7 所示。

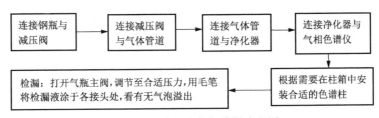

图 3-7 气路的安装与检漏流程图

2. 气体的打开与设置

打开载气(N_2)钢瓶总阀以及位于装置后方的流量控制机壳,调节调压器旋钮至二次压力达到 0.5 MPa。

3. 载气流量的测定

载气流量的测定主要通过转子流量计、刻度稳压阀、电子流量计、皂膜流量计进行。使用皂膜流量计可直接在色谱柱出口进行测定,在橡胶滴头中加入肥皂水,固定流量计,挤捏胶管形成皂膜,皂膜至 0 刻度开始计时,至设置刻度停止计时。通过分流式毛细管进样器的载气流量通常为 $50\sim100$ mL/min。

4. 气相色谱仪开机

(1)打开气相色谱仪的电源开关,仪器自检。进入 Windows 页面,双击"联机"图标,工作站自动与气相色谱仪连接。

(2)设置参数:一般设置进样口温度(高于样品的沸点,一般高于柱温 $30\sim50$ ℃)、检测器温度(检测温度一般高于柱温,并不得低于 100 ℃,以免水汽凝结)、柱温、顶空瓶的平衡温度、载气流速等。

(3)仪器预热:跑基线约 20 min。

5. 进样操作

(1)样品配制:根据质量标准要求配制样品及对照品溶液。

(2)系统适用性试验:按照各样品的质量标准要求进行系统适用性实验,如果合格,则进行进样操作。

(3)进样:将样品和对照品分别进样并记录色谱图,计算结果。

6. 气相色谱仪关机

分析完毕,将柱箱、进样口和检测器的温度分别设置成 30 ℃,使系统开始降温。再顺时针关掉氢气和空气总阀。等温度降到 100 ℃以下后,再关掉仪器开关,断开仪器电源,最后温度降到 30 ℃时关掉氮气总阀。

三、气相色谱仪的使用注意事项

(1)要求必须打开载气并使其通入色谱柱后才能打开仪器电源开关,同理,必须关闭仪器电源开关与加热开关之后才能关载气钢瓶与减压阀。

(2)载气一定要净化,若用不纯净的气体作载气,可导致柱失效,样品变化,基流噪音增大等。

(3)仪器初次安装时要对气路检漏。更换管路接头、更改气路、更换柱子后要对该部位检漏。使用检漏液时,为避免潜在电击危险,应关闭气相色谱仪电源,并关闭总电源。注意不要把检漏液滴在电气线路上。检漏后要擦干检漏液。

任务四 气相色谱法的定性与定量分析及应用

一、定性分析

气相色谱法定性分析的目的是确定试样中各组分是什么,即确定色谱图上的各色谱峰分别代表什么物质。定性分析的主要依据是在一定的色谱条件下,每种物质都有一个确定的保留时间。定性鉴别时,一般需要标准样品,若没有已知纯物质的对照,是无法识别各色谱峰分别代表哪一种组分的。

1. 绝对保留值定性

在色谱条件严格保持不变时,任一组分都有一定的保留值,因此可以通过对比已知对照品与未知物的保留值的一致性进行定性鉴别。

2. 相对保留值定性

绝对保留值定性的重现性差,若采用相对保留值定性,可消除载气流速、温度、柱长、固定相填充情况等操作条件差异所带来的误差。相对保留值只与柱温和固定相性质有关,在柱温和固定相一定时,相对保留值是一定值,因此气相色谱法中常用相对保留值定性。常用的标准物质有苯、正丁烷、对二甲苯、环己烷、环己酮、丁酮、环己醇等。此法适用于组成简单的已知范围内的试样。

3. 加入已知物增加峰高法

首先作出被测试样色谱图,然后在试样中加入已知标准物,在相同的色谱条件下作色谱图,对比两色谱图,峰高增加的组分可能就是已知物。

色谱法的分离能力强,但定性的专属性差,因此,常利用气相色谱法将样品分离后再用化学反应,或者气相色谱法与红外光谱法或气相色谱法与质谱法联用来鉴别未知物。

二、定量分析

1. 定量依据

在一定的色谱操作条件下,进入检测器的待测组分的含量(质量或浓度)与检测器产生的响应信号(峰面积 A 或峰高 h)成正比,这是色谱定量分析的理论依据。

峰面积为峰高、半峰宽及 1.065 三项的乘积:

$$A = h \times W_{h/2} \times 1.065 \tag{3-7}$$

2. 定量方法

定量方法主要有内标法、外标法、面积归一法和标准溶液加入法。这些定量方法各有其优缺点,在不同情况下要选择不同的方法,否则会带来方法误差。

内标法、外标法、面积归一法的具体内容均同高效液相色谱法下相应的规定,详见高效液相色谱法。

标准溶液加入法:精密称(量)取某个杂质或待测成分对照品适量,配制成适当浓度的对照品溶液,取一定量的对照品溶液精密加入供试品溶液中,根据外标法或内标法测定杂质或主成分含量,再扣除加入的对照品溶液含量,即得供试品溶液中某个杂质和主成分含量。也可按公式(3-8)进行计算,加入对照品溶液前后校正因子应相同,即

$$\frac{A_{is}}{A_x} = \frac{c_x + \Delta c_x}{c_x} \qquad (3-8)$$

待测组分的浓度 c_x 可通过公式(3-9)进行计算:

$$c_x = \frac{\Delta c_x}{(A_{is}/A_x) - 1} \qquad (3-9)$$

式中: c_x——供试品中组分 x 的浓度;

A_x——供试品中组分 x 的色谱峰面积;

Δc_x——所加入的已知浓度的待测组分对照品的浓度;

A_{is}——加入对照品后组分 x 的色谱峰面积。

标准溶液加入法的优点是进样量不必十分准确。若在试样前处理前就加入已知准确量的待测组分,则可以完全补偿待测组分在前处理过程中的损失,是一种定量较准确的方法。其缺点是加入待测组分前后两次测定的色谱条件应完全相同。

气相色谱法定量分析进样量小,一般仅数微升,当采用手工进样时,插入的位置、留针时间、拔出注射器的速度和室温等对进样量均有影响,使进样量不易精确控制,故最好采用内标法定量;当采用自动进样器时,进样重复性提高,在保证进样准确的前提下,也可采用外标法定量;当采用顶空进样技术时,由于供试品和对照品处于不完全相同的基质中可引入误差,采用标准溶液加入法可以消除基质效应的影响。当标准溶液加入法与其他定量方法结果不一致时,应以标准溶液加入法结果为准。

▶▶▶ 课堂互动

气相色谱法定性分析与定量分析的依据是什么?

三、应用实例

气相色谱法操作简便迅速、灵敏度高、定量准确、仪器自动化程度高,在药物分析中应用广泛,主要用于具有挥发性的药物的含量测定、各种药物制剂中微量水分的测定、中药中挥发性组分的测定、药物中残留有机溶剂的检查、药代动力学研究以及体内药物分析等。下面介绍几个应用实例。

1. 依托度酸的残留溶剂测定(外标法)

2015 年版《药典》(通则 0861 第二法)规定用气相色谱法测定依托度酸的残留溶剂,其具体测定方法如下:

（1）色谱条件与系统适用性试验。

以质量分数为 6％的氰丙基苯基-质量分数 94％的二甲基聚硅氧烷（或极性相近）为固定液的毛细管柱为色谱柱，起始温度为 40 ℃，维持 5 min，再以 35 ℃/min 的速率升温至 220 ℃，维持 2 min；进样口温度为 200 ℃；检测器温度为 260 ℃；顶空瓶平衡温度为 80 ℃，平衡时间为 30 min。取对照品溶液顶空进样，记录色谱图，理论塔板数 n 按甲醇峰和甲苯峰计算均应不低于 5 000，甲醇峰与甲苯峰之间的分离度应大于 1.5。

（2）溶液的配制。

① 供试品溶液配制。取本品约 0.1 g，精密称定，置于顶空瓶中，精密加入二甲基甲酰胺 2 mL，密封。

② 对照品溶液配制。取甲醇和甲苯适量，精密称定，用二甲基甲酰胺定量稀释制成每 1 mL 中含甲醇 0.15 mg 和甲苯 0.0445 mg 的混合溶液，精密量取 2 mL，置于顶空瓶中，密封。

（3）残留溶剂的测定。

取供试品溶液和对照品溶液分别顶空进样，记录色谱图，按外标法以峰面积计算，均应符合规定。

（4）残留溶剂的计算。

$$w(\text{甲醇}) = \frac{A_{x1}}{A_{s1}} \times \frac{c_{s1}}{m_x} \times V_x \times 100\% \tag{3-10}$$

$$w(\text{甲苯}) = \frac{A_{x2}}{A_{s2}} \times \frac{c_{s2}}{m_x} \times V_x \times 100\% \tag{3-11}$$

式中：　A_{x1}——供试品溶液中甲醇的峰面积（峰高）；

　　　　A_{x2}——供试品溶液中甲苯的峰面积（峰高）；

　　　　A_{s1}——对照品溶液中甲醇的峰面积（峰高）；

　　　　A_{s2}——对照品溶液中甲苯的峰面积（峰高）；

　　　　c_{s1}——对照品溶液中甲醇的质量浓度，单位为 g/mL；

　　　　c_{s2}——对照品溶液中甲苯的质量浓度，单位为 g/mL；

　　　　m_x——供试品的质量，单位为 g；

　　　　V_x——供试品溶液的体积，单位为 mL。

2. 维生素 E 的含量测定（内标法加校正因子）

2015 年版《药典》规定用气相色谱法测定维生素 E 及其片剂、软胶囊和注射液、维生素 E 粉的含量，其测定方法具体如下：

（1）色谱条件与系统适用性试验。

采用硅酮（OV-17）为固定液，色谱柱用涂布质量分数为 2％的填充柱或者质量分数 100％的二甲基聚硅氧烷为固定液的毛细管柱，载气为 N_2，柱温为 265 ℃，检测器为氢火焰离子化检测器,内标物质为正三十二烷。理论塔板数 n 按维生素 E 峰计算应不低于 500(填充柱)或不低于 5 000(毛细管柱),维生素 E 峰与内标物质峰的分离度应大于 2。

(2) 测定校正因子。

① 配制内标溶液。取正三十二烷适量,加正己烷溶解并稀释成每 1 mL 含 1.0 mg 的溶液,摇匀,备用。

② 配制对照品溶液。取维生素 E 对照品约 20 mg,精密称定,置于棕色具塞锥形瓶中,精密加入内标溶液 10 mL,密塞,振摇使其溶解,即得。

③ 测定校正因子。取对照品溶液 1～3 μL 注入气相色谱仪,记录色谱图,计算校正因子。

(3) 样品测定。

取维生素 E 供试品约 20 mg,精密称定,置于棕色具塞锥形瓶中,精密加入内标溶液 10 mL,密塞,振摇使其溶解,精密量取此溶液 1～3 μL 注入气相色谱仪,记录色谱图,计算即得样品含量。

例1 精密称取维生素 E 供试品 20.18 mg,用质量浓度为 1.010 mg/mL 的内标溶液 10 mL 溶解,密塞,振摇溶解后进样 1 μL,进行气相色谱分析。供试品和内标物峰面积分别为 9 625 478 及 4 957 164。已测得校正因子是 1.025,求供试品中维生素 E 的百分含量。

解
$$c_x = f A_x c_s / A_s$$
$$= 1.025 \times 9\,625\,478 \times 1.010 / 4\,957\,164$$
$$= 2.010 \ (\text{mg/mL})$$
$$w(\text{维生素 E}) = (2.010 \times 10 / 20.18) \times 100\%$$
$$= 99.6\%$$

任务五　亚叶酸钙残留溶剂的测定(实训)

一、实训目的

(1) 进一步熟悉气相色谱仪的基本结构,规范操作气相色谱仪及其辅助设备。

(2) 熟悉用气相色谱法测定亚叶酸钙残留溶剂的方法,并进行结果计算。

二、操作规程

1. 制备对照品溶液和供试品溶液

(1) 对照品溶液的制备:精密称取甲醇与乙醇适量,用水定量稀释制成每 1 mL 中分别约含甲醇 0.12 mg 与乙醇 0.4 mg 的混合溶液,精密量取 5 mL,置于顶空瓶中,密封。

（2）供试品溶液的制备：取本品约 0.2 g，精密称定，置于顶空瓶中，精密加水 5 mL，摇匀，密封。

2. 气相色谱仪的操作

（1）选择色谱柱并安装：选择聚乙二醇（PEG-20M）为固定液的毛细管柱为色谱柱，并将其安装到气相色谱仪的柱箱中。

（2）检漏：先将载气出口处用螺母及橡胶堵住，再将钢瓶输出压力调到 0.4～0.6 MPa，然后打开载气稳压阀，使柱前压力达到 0.3～0.4 MPa，并查看载气的流量计。如果流量计无读数，则表示气密性良好；若发现流量计有读数，则表示有漏气现象，可用十二烷基硫酸钠水溶液探漏（切忌用强碱性皂水，以免管道受损），找出漏气处，并加以处理。

（3）载气流量的调节：气路检查完毕后，在密封性能良好的条件下，将钢瓶输出压力调到 0.2～0.4 MPa，调节载气稳压阀，使载气流量达到合适的数值。注意：钢瓶压力应比柱前压力（由柱前压力表读得）高 0.05 MPa 以上。

（4）恒温：在通载气之前，将所有电子设备的开关都置于"关"的位置，通入载气后，按一下仪器总电源开关，主机指示灯亮。

打开温度控制器电源开关，调节温度，使柱箱温度为 50 ℃，进样口温度为 200 ℃，检测器温度为 250 ℃，顶空瓶平衡温度为 70 ℃，平衡时间为 30 min。

（5）检测器的控制：待检测器温度上升到 150 ℃ 以上时，将热导、氢火焰转换开关置于氢火焰上，并打开热导电源及氢火焰离子放大器的电源开关，稍等片刻后，再打开记录仪电源开关。

将氢火焰灵敏度选择调节器和讯号衰减调节器分别置于合适的值，把基始电流补偿调节器按逆时针方向旋到底。调节放大器零点调节旋钮，使记录仪指针指示在"0 mV"处，这时观察放大器工作是否稳定，基线漂移是否在 0.05 mV/h 内。调节空气针形阀及氢气稳压阀，分别使空气、氢气的流量达到所需值。

在空气和氢气调节稳定的条件下，可开始点火，将点火开关拨至"点火"处，保持约 10 s 后把开关拨至下面，这时若记录仪指针已不在原来位置，则说明氢火焰已被点燃。再调节基始电流补偿的粗调和细调调节器，使记录仪指针回到零位。最后打开记录纸开关，待基线稳定后即可进样分析。

（6）进样分析：分别取样品液与对照品液顶空进样，对照品连进 5 针，记录色谱图。

（7）关机：使用完毕后，先关记录纸开关，再关记录仪电源开关，使记录笔离开记录纸；然后关闭氢气稳压阀和空气针形阀，使火焰熄灭；接着关闭温度控制器开关和主机电源；最后关闭高压气瓶和载气稳压阀。

3. 注意事项及说明

（1）仪器应在规定的环境条件下工作，分析室周围要远离强磁场以及易燃和强腐蚀性气体。室内温度应在 5～35 ℃范围内，相对湿度要求在 20％～80％，无冷凝，且室内保持空气畅通，最好安装空调。

（2）按操作规程认真地操作仪器。启动仪器前应先通上载气，在氢火焰已被点燃后，氢火焰检测器必须将点火开关拨至下面，不然放大器将无法工作。

（3）氢气和氮气是检测器常用的载气，它们的纯度应在 99.9％以上，因此需要安装气体净化器，以保证气体纯度。

（4）实验时注意观察气泵压力表，以免漏气。

4. 数据记录

样品名称：_____   取样量：_____   仪器型号：_____

色谱柱：_____   载气：_____   进样量：_____   柱温：_____℃

检测器：_____   进样口温度：_____℃ 检测器温度：_____℃

将所测数据填入表 3-2 中。

表 3-2　检验数据

品　名	次　数	峰面积 A（甲醇）	峰面积 A（乙醇）
对照品	1		
	2		
	3		
	4		
	5		
供试品	1		

三、数据处理

1. 残留溶剂的计算公式

$$w(甲醇)=\frac{A_{x1}}{A_{s1}}\times\frac{c_{s1}}{W_x}\times V_x\times100\% \tag{3-12}$$

$$w(乙醇)=\frac{A_{x2}}{A_{s2}}\times\frac{c_{s2}}{W_x}\times V_x\times100\% \tag{3-13}$$

式中：A_{x1}——供试品溶液中甲醇的峰面积（峰高）；

　　　A_{x2}——供试品溶液中乙醇的峰面积（峰高）；

　　　A_{s1}——对照品溶液中甲醇的峰面积（峰高）；

　　　A_{s2}——对照品溶液中乙醇的峰面积（峰高）；

　　　c_{s1}——对照品溶液中甲醇的质量浓度，单位为 g/mL；

c_{s2}——对照品溶液中乙醇的质量浓度,单位为 g/mL;

W_x——供试品的质量,单位为 g;

V_x——供试品溶液的体积,单位为 mL。

2. 结果要求

甲醇的含量不得高于 0.3%,乙醇的含量不得高于 1.0%。

目 标 检 验

一、填一填

1. 调整保留时间是减去_____的保留时间。

2. 不被固定相吸附或溶解的气体(如空气、甲烷)从进样开始到柱后出现浓度最大值所需的时间称为_____。

3. 描述色谱柱效能的指标是_____,描述分离程度的指标是_____。

4. 气相色谱的仪器一般由_____、_____、_____、_____、_____和信号记录系统组成。

5. 气相色谱的浓度型检测器有_____、_____,质量型检测器有_____、_____。其中,TCD 使用_____气体作载气时灵敏度较高,FID 对_____的测定灵敏度较高,ECD 主要对_____有响应。

6. 使用 FID 检测器,在进样量一定时,峰高与_____成正比,因此,可用峰高定量。

7. 气相色谱定性分析的任务是确定色谱图上每个峰代表什么物质,其根据是每个峰的_____。

二、选一选

1. 理论塔板数反映了( )。

A. 分离度　　　　B. 分配系数　　　C. 保留值　　　D. 柱的效能

2. 进行气相色谱分析时,进样时间过长会导致半峰宽( )。

A. 没有变化　　　B. 变宽　　　　　C. 变窄　　　　D. 不呈线性

3. 在气相色谱分析中,用于定性分析的参数是( )。

A. 保留值　　　　B. 峰面积　　　　C. 分离度　　　D. 半峰宽

4. 热导检测器是一种( )。

A. 质量型检测器

B. 只对含硫、磷的化合物有响应的检测器

C. 浓度型检测器

D. 只对含碳、氢的有机化合物有响应的检测器

5. 使用氢火焰离子化检测器时,选用下列( )作载气最合适。

    A. H_2 B. He   C. 空气   D. N_2

6. 在气-液色谱法中,首先流出色谱柱的组分( )。

    A. 吸附能力小   B. 吸附能力大   C. 溶解能力大   D. 溶解能力小

7. 在气相色谱分析中,用于定量分析的参数是( )。

    A. 保留值   B. 峰面积   C. 分离度   D. 半峰宽

三、想一想

1. 色谱法按分离原理分为哪几类? 按操作形式分为哪几类?

2. 气相色谱仪的基本结构包括哪几个部分? 各有什么作用?

3. 系统适用性试验包括的参数有哪些? 有什么要求?

4. 气相色谱中常见的定量方法有哪几种?

四、算一算

1. 精密称取依托度酸供试品 0.100 6 g,置于顶空瓶中,精密加入二甲基甲酰胺 2 mL,密封,作为供试品溶液。另取甲醇和甲苯适量,精密称定,用二甲基甲酰胺定量稀释制成每 1 mL 中含甲醇 0.15 mg 和甲苯 0.044 5 mg 的混合溶液,作为对照品溶液,精密量取 2 mL,置于顶空瓶中,密封。取供试品溶液和对照品溶液分别顶空进样,记录色谱图,供试品中甲醇和甲苯的峰面积分别为 24 521 和 19 156,对照品中甲醇和甲苯的峰面积分别为 30 756 和 27 381,按外标法以峰面积计算甲醇与甲苯的残留量。

2. 精密称取维生素 E 供试品 20.20 mg,用质量浓度为 1.005 mg/mL 的内标溶液 10 mL 溶解,密塞,振摇溶解后进样 1 μL,进行气相色谱分析。供试品和内标物峰面积分别为 9 625 671 和 4 936 760。已测得校正因子是 1.031,求供试品中维生素 E 的百分含量。

3. 在一根长 3 m 的色谱柱上分离某样品的结果为:死时间为 1 min;组分 A 的保留时间为 14 min,半峰宽为 0.45 min,峰宽为 0.8 min;组分 B 的保留时间为 16 min,半峰宽为 0.5 min,峰宽为 1 min。

(1) 求 A 和 B 两组分的调整保留时间。

(2) 用组分 B 计算有效塔板数 n。

(3) 求组分 A 与组分 B 的分离度。

知识拓展:二噁英

二噁英(dioxin)又称二恶因,属于氯代三环芳烃类化合物,是多氯代二苯并-对-二噁英(PCDDs)和多氯代二苯并呋喃(PCDFs)的总称,是由 200 多种异构体、同系物等组成的混合体。其中有 17 种(2,3,7,8 位全部被氯原子取代的)二噁英被认为对生态环境和人类健康有很大危害。二噁英性质非常稳定,熔点较高,常温下是固体,极难溶于水,可以溶于大部分有机溶剂和脂肪,是无色、无味的脂溶性物质。二噁英毒性很强,在17种高毒性二噁英类物质中,2,3,7,8-四氯代二苯并-对-二噁英(2,3,7,8-TCDD)在目前已知化合物中毒性最大,是一级致癌物质。它还具有生殖毒性、免疫毒性及内分泌毒性。

历史上出现过多次食品被二噁英污染的事件。1998年3月,德国销售的牛奶中出现了高浓度二噁英,追踪其来源,是巴西出口的动物饲料含有柑橘果泥球所致。此项调查导致欧盟禁止所有巴西柑橘果泥球的进口。2010年年底,德国北威州养鸡场曝出饲料遭二噁英污染,其他州相继发现被污染的饲料。德国农业部宣布临时关闭4 700多家农场,禁止受污染农场生产的肉类和蛋类产品出售。经过调查,不法饲料生产商把工业用脂肪酸用来生产了大约3 000 t饲料,最终导致了震惊世界的食品污染事件。

二噁英的检测方法主要有色谱法、免疫法和生物法,其中以气相色谱法-质谱法最为常用。样品经复杂的分离提取后,用气相色谱法-质谱法对二噁英可进行定性、定量分析。

项目二 高效液相色谱法

学习目标

知识目标
ZHISHIMUBIAO

1. 重点掌握高效液相色谱仪的主要部件、使用注意事项、定性分析与定量分析的方法。

2. 熟悉化学键合相色谱法,以及高效液相色谱仪的常见故障及维修。

3. 了解高效液相色谱法的基本知识和基本原理。

技能目标
JINENGMUBIAO

1. 能熟练用高效液相色谱仪进行进样分析,正确分析色谱图,计算分析结果,填写相应的记录,发放检验报告。

2. 熟练操作高效液相色谱仪及处理简单故障。

3. 运用定性分析与定量分析的方法分析样品。

任务一　头孢克洛原料的鉴别和含量检测

一、头孢克洛原料的鉴别和含量测定(《药典》描述)

1. 头孢克洛的鉴别检测

含量测定项下记录的色谱图中,供试品溶液主峰的保留时间应与对照品溶液主峰的保留时间一致。

2. 头孢克洛的含量测定

含量测定依照高效液相色谱法(2015 年版《药典》通则 0512)测定。

3. 色谱条件与系统适用性试验

用十八烷基硅烷键合硅胶为填充剂,以磷酸二氢钾溶液(取磷酸二氢钾 6.8 g,加水溶解并稀释至 1 000 mL,用磷酸调节 pH 至 3.4)-乙腈(体积比为 92∶8)为流动相,检测波长为 254 nm。取头孢克洛对照品及头孢克洛 δ-3-异构体对照品适量,加流动相溶解并制成每 1 mL 中含头孢克洛对照品及头孢克洛 δ-3-异构体各约 0.2 mg 的混合溶液,取 20 μL 注入高效液相色谱仪,记录色谱图。头孢克洛峰与头孢克洛 δ-3-异构体峰的分离度应符合要求。

4. 测定法

取本品约 20 mg,精密称定,置于 100 mL 容量瓶中,加流动相溶解并稀释至刻度,摇匀,取 20 μL 注入液相色谱仪,记录色谱图;另取头孢克洛对照品适量,同法测定。按外标法以峰面积计算,即得。

二、流动相的配制及溶液制备

1. 流动相

(1) 配比:磷酸二氢钾溶液(pH 为 3.4)-乙腈(体积比为 92∶8)。

(2) 配制方法:精密称取磷酸二氢钾 6.8 g,加水溶解并稀释至 1 000 mL,过滤,用磷酸调节 pH 至 3.4,加经 0.45 μm 有机系滤膜过滤的乙腈 87 mL,混匀,超声脱气,备用。

(3) 必要时可适当调节流动相比例,以满足分离需要,但流动相比例的调整有明确的规定。组分比例较低者(<50%),相对于自身的改变量不得超过±30%,相对于总量的改变不得超过±10%。如果±30%的相对改变量超过总量的 10%,以后者为准。

2. 溶液制备

(1) 对照品溶液制备。

精密称取头孢克洛对照品约 20 mg,置于 100 mL 容量瓶中,加流动相使其溶解并稀释至刻度,摇匀,过滤,即得。

（2）供试品溶液制备。

取本品约 20 mg,精密称定,置于 100 mL 容量瓶中,加流动相溶解并稀释至刻度,摇匀,用 0.45 μm 滤膜过滤,取过滤后的溶液作为供试品溶液。同法操作两份,作为供试品溶液 1 和供试品溶液 2。

（3）系统适用性试验溶液制备（分离度测试液）。

精密称取头孢克洛对照品及头孢克洛 δ-3-异构体对照品各 20 mg,加流动相溶解并稀释至 100 mL,即得。

三、操作步骤

1. 仪器准备

按照高效液相色谱仪操作规程准备仪器。

设定波长为 254 nm,流速为 1.0 mL/min,先用纯化水冲洗柱子 30 min,再换用流动相使系统平衡。待系统平衡后,开始进样操作。

2. 系统适用性试验

（1）取分离度测试液 20 μL,注入高效液相色谱仪,记录色谱图,头孢克洛峰与头孢克洛 δ-3-异构体峰的分离度应符合要求（一般要求大于 1.5）。

（2）取对照品溶液 20 μL,注入高效液相色谱仪,连续进样测定 5 次,计算头孢克洛峰面积的相对标准偏差应不大于 2.0%。

如果系统适用性试验不合格,则需调查原因并排除,重新进行系统适用性试验,合格后才能进行分析。

3. 进样操作

每份供试品溶液各取 20 μL,进样 1 次,记录色谱图。按外标法以峰面积计算含量,两次测定含量的相对偏差在 ±2.0% 以内,用平均值作为含量结果。

4. 冲洗及关机

进样完毕,先用甲醇-水替换完色谱柱中的缓冲液后（约 30 min）,再用甲醇冲洗约 30 min,用甲醇保护好色谱柱。关机。

四、结果计算

$$w(头孢克洛)=\frac{A_{供试品}\times 对照品质量\times 对照品含量}{A_{对照品}\times 供试品质量}\times 100\% \tag{3-14}$$

$$w(头孢克洛,以干品计)=\frac{w(头孢克洛)}{1-w(水分)}\times 100\% \tag{3-15}$$

任务二　高效液相色谱法基本知识

一、高效液相色谱法的简介

以高压液体为流动相的液相色谱分析法称为高效液相色谱法（High Performance Liquid Chromatography，HPLC）。其基本方法是用高压输液泵将规定的流动相泵入装有填充剂的色谱柱内，注入的样品被流动相带入色谱柱内被分离后依次进入检测器，由积分仪或数据处理系统显示和处理色谱信号，进而得到分析结果。

高效液相色谱法是 20 世纪 60 年代末在经典液相色谱法的基础上，引入气相色谱法的理论和技术而发展起来的一种现代色谱分析方法。特别是 20 世纪 70～80 年代，随着生命科学、生物化工、制药工业的发展，高效液相色谱法得到迅速发展。目前，高效液相色谱法已成为色谱法中应用最为广泛的分析方法，也必将成为药物含量分析的主流分析方法。

二、高效液相色谱法与气相色谱法的比较

1. 高效液相色谱法的使用范围比气相色谱法广

气相色谱法分析的样品必须在操作温度下能迅速气化且不分解才能进行分析，因而使用范围受到限制；高效液相色谱法不受样品挥发性和热稳定性的影响，只要求样品能制成溶液便可直接进行分析。因此，高效液相色谱法不仅可分析大多数用气相色谱法能分析的物质，也特别适合那些高沸点、极性强、热稳定性差、相对分子质量大的高分子化合物以及离子型化合物的分析。据统计，在已知化合物中，能用气相色谱法分析的约占 20%，而能用高效液相色谱法分析的约占 80%。

2. 高效液相色谱法和气相色谱法的流动相不同

气相色谱法中的流动相是惰性的，对组分没有亲和力，一般不影响分离，仅起运载作用，且选择余地小；高效液相色谱法中的流动相对组分有一定的亲和力，通过改变溶剂的极性或配比，可使流动相性质发生多种变化，从而显著影响分离过程，且选择余地大。

3. 高效液相色谱法对流出组分的回收比气相色谱法容易

气相色谱法的流出组分是气体，回收比较困难；高效液相色谱法的流出组分是液体，回收容易，这对提纯和制备足够纯度的样品特别有利。如对天然药物、生化物质的有效成分进行提取或精制时，最常用的方法就是高效液相色谱法。

综上所述，高效液相色谱法的特点是分离效能高，分析速度快，检测灵敏度高，应用范围广，流动相的选择范围宽，流出组分易收集，色谱柱可反复使用。

课堂互动

你能说一说高效液相色谱法与气相色谱法的区别吗？

三、高效液相色谱法的分类

根据固定相和分离原理的不同,高效液相色谱法可分为以下4种类型。

1. 液-固吸附色谱法

利用各组分在吸附剂(固定相)表面的吸附能力强弱不同而得以分离的方法。

2. 液-液分配色谱法

利用组分在固定液(固定相)中的溶解度不同而达到分离的方法。

3. 离子交换色谱法

利用组分在离子交换剂(固定相)上的亲和力大小不同而达到分离的方法。

4. 凝胶色谱法

利用大小和形状不同的分子在多孔凝胶(固定相)中的选择渗透性不同而达到分离的方法。

知识拓展:高效液相色谱法在《药典》中的应用及发展

高效液相色谱法自《药典》(1985年版)首次介绍以来,就势不可当地迅速发展,并有取代其他分析方法的势头。当时,在我国高效液相色谱法应用还不够成熟和普及,广大的药物分析工作者对该法还很陌生,高效液相色谱法在《药典》中的首次出现为药物分析更客观、灵敏、准确地进行药物质量控制奠定了基础。1990年版《药典》中高效液相色谱法的使用由1985年版的8种增加到56种,此时仪器分析方法已占到整个分析方法的33.4%;1995年版《药典》中高效液相色谱法的使用率和使用次数明显地增加,已达到121次;2000年版《药典》中现代分析技术得到进一步扩大应用,高效液相色谱法的使用次数也增加到279次;2005年版《药典》中现代分析技术得到更进一步扩大应用,高效液相色谱法使用率和使用次数仍在大幅度增加,在《药典》一部中高效液相色谱法用于含量测定的种类达479种,涉及518项,在《药典》二部中达848种。2010年版《药典》在2005年版的基础上,广泛吸取了国内外先进技术和实验方法,积极推进药物分析新方法、新技术在药品标准中的应用,除鉴别、检查项外,高效液相色谱法在化学药含量测定中的应用实例有了大幅度增加,品种数达到1 000多个,中药的含量测定已普遍采用高效液相色谱法。2015年版《药典》更是扩大了现代分析技术在药典中的应用,进一步提高了方法的科学性。

任务三　认识高效液相色谱仪

高效液相色谱法所用的仪器为高效液相色谱仪,按2015年版《药典》规定:各品种项下规定的条件除固定相种类、流动相组分、检测器类型不得改变外,其余如色谱柱内径、长度、固定相型号、载体粒度、流动相流速、混合流动相各组分的比例、柱温、进样量、检测器灵敏度等,均可适当改变,以适应供试品并达到系统适用性试验的要求。

一、高效液相色谱仪流程示意图

高效液相色谱仪主要由高压输液系统、进样系统、分离系统、检测系统和数据处理系统5大系统组成,其中高压输液泵、进样器、色谱柱和检测器是仪器的关键部件。

高效液相色谱仪的基本流程:贮液器中的流动相经过滤后由高压输液泵泵入色谱柱,样品注入进样器后由流动相带入色谱柱内进行分离,分离后的组分依次进入检测器检测,输出信号供给记录仪或数据处理仪。其流程示意图见图3-8。

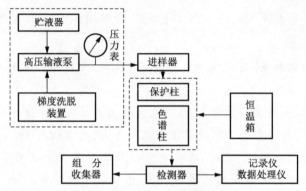

图 3-8　高效液相色谱仪流程示意图

▶▶ 课堂互动

请你说一说高效液相色谱仪的基本流程。

二、高效液相色谱仪的组成

1. 高压输液系统

该系统由贮液器、脱气装置、高压输液泵、溶剂过滤器、梯度洗脱装置等组成。

(1) 贮液器。

贮液器用于存放流动相,放置位置一般高于泵体,可保持一定的输液静压差。贮液器一般用玻璃、不锈钢、氟塑料或特种塑料聚醚酮等对流动相显惰性而又耐腐蚀的材料制成。贮液器配有溶剂过滤器,以过滤流动相中可能存在的微小固体颗粒,防止流动相中的颗粒进入高压输液泵和色谱柱。溶剂过滤器一般用耐腐蚀的镍合金制成,空隙大小一般为 2 mm。

(2) 脱气装置。

脱气是为了防止流动相从高压柱内流出时,释放出的气泡进入检测器而使噪声剧增,甚至不能正常检测。

（3）高压输液泵。

高压输液泵是高效液相色谱仪的重要部件，是驱动溶剂和样品通过色谱柱和检测系统的高压源，泵应耐压、耐腐蚀、密封性好，其性能好坏直接影响分析结果的可靠性。

① 泵的密封圈是最易磨损的部件，密封圈的损坏可引起系统的许多故障，要注意保养和定期更换。

② 应采取相应措施延长泵的使用寿命：在没有流动相或流动相还没有进入泵头的情况下禁止启动泵，避免柱塞杆的干磨；每天使用后应将整个系统管路中的缓冲液体冲洗干净，防止盐沉积，整个管路要浸在无缓冲的溶液或有机溶剂中；仪器长期不用时要定期开泵冲洗整个管路；有柱后清洗功能的高压恒流泵还要注意保持清洗液的存在，否则将失去柱后清洗效果。

③ 高压输液泵的基本要求：流量稳定，输出压力高，流量范围宽，耐酸、碱、缓冲液腐蚀，压力波动小。

④ 泵主要有恒压泵和恒流泵，由于恒流泵中的往复式柱塞泵具有易于调节控制流量、液缸容积小、便于清洗和更换流动相、适合于梯度洗脱等优点，目前得到普遍应用。图 3-9 为往复式柱塞泵的结构示意图。

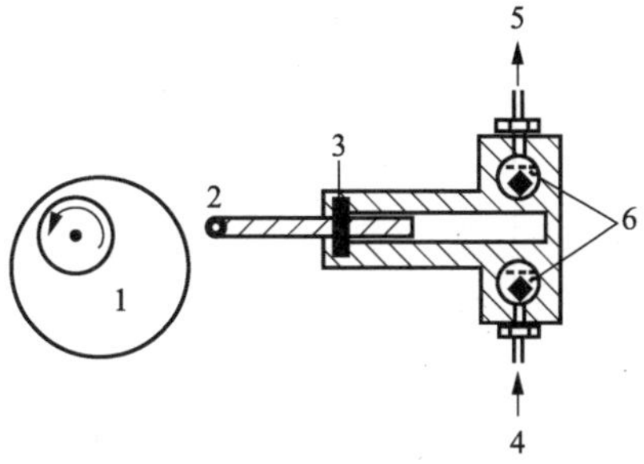

图 3-9 往复式柱塞泵的结构示意图

1—偏心轮；2—柱塞；3—密封垫；

4—流动相进口；5—流动相出口；6—单向阀

▶▶ 课堂互动

请你说一说高压输液系统为什么要安装脱气装置。

（4）梯度洗脱装置。

梯度洗脱是利用两种或两种以上的溶剂，按照一定时间程序连续或阶段地改变配比浓度，以达到改变流动相极性、离子强度或 pH，从而提高洗脱能力、改善分离的一种有效方法。

梯度洗脱主要有两种方式：高压梯度和低压梯度。高压梯度是利用两台高压输液泵，将两种不同极性的溶剂按一定的比例送入梯度混合室，混合后进入色谱柱。低压梯度是利用一台高压输液泵，通过比例调节阀，将两种或多种不同极性的溶剂按一定的比例抽入混合室中混合。图 3-10 为高压梯度和低压梯度洗脱示意图。

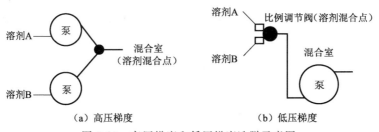

（a）高压梯度 （b）低压梯度

图 3-10 高压梯度和低压梯度洗脱示意图

梯度洗脱技术可以提高柱效、缩短分析时间,改善检测器的灵敏度,它类似于气相色谱法中使用的程序升温技术。

2.进样系统

进样器是将样品引入色谱柱的装置,有注射器进样、停流进样、六通阀进样和自动进样器进样等样品引入方式,其中六通阀进样器和自动进样器目前最为常用。

(1)六通阀进样器。

其工作原理示意图见图 3-11。阀上装有定量环,用注射器在常压下将样品注入定量环,然后转动手柄将样品用高压流动相冲入柱中。定量环的大小可根据进样量需要进行选择更换,但由于死体积较大,一般进样体积为定量环的 5 倍以上。

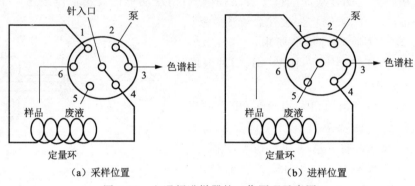

图 3-11 六通阀进样器的工作原理示意图

(2)自动进样器。

自动进样器工作站按预定程序自动完成取样、进样、复位、样品管路清洗和样品盘移动等所有步骤,可完全自动操作。

3.分离系统

高效液相色谱法的核心任务是分离,而高效液相色谱仪中承担分离任务的主要部件是色谱柱,因此色谱柱是色谱系统的"心脏",是液相色谱工作者获得正确可靠的实验数据的保障。分离系统除色谱柱外,还包括固定相和流动相。固定相和流动相的合理选择使复杂的样品获得满意的分离,体现了高效液相色谱法应用范围广泛的特点。

(1)固定相。

固定相即色谱柱中的填充剂。目前最常用的填充剂为化学键合硅胶。反相色谱系统使用非极性填充剂,且键合相碳链越长,分离效果越好。因此,在反相键合色谱中,以十八烷基硅烷键合硅胶最为常用。图 3-12 为不同长度的碳链分离效果比较。

 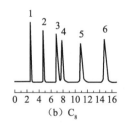 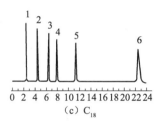

(a) C_6　　　　　　(b) C_8　　　　　　　(c) C_{18}

图 3-12　不同长度的碳链分离效果比较图

1—尿嘧啶;2—苯酚;3—乙酰苯;4—硝基苯;5—苯甲酸甲酯;6—甲苯

▶▶ 课堂互动

请你说一说反相色谱柱中最常用的填料。

(2) 流动相。

理想的流动相应具有黏度低、与检测器兼容性好、易于得到纯品和毒性低等特点。

选择流动相时应考虑以下 5 个方面:

① 流动相有一定的化学稳定性,不与固定相和样品组分发生反应。

② 流动相纯度高。一般要求用色谱纯的试剂,有时分析纯和优级纯也可以满足色谱分析的要求,否则当溶剂所含杂质在柱上积累时会影响色谱柱的寿命。

③ 必须与检测器匹配。当使用紫外检测器时,所用流动相在检测波长下应没有吸收,或吸收很小;当使用示差折光检测器时,应选择折光系数与样品差别较大的溶剂作流动相,以提高灵敏度。

④ 黏度要低。高黏度溶剂会影响溶质的扩散、传质,降低柱效,还会使柱压降增加,使分离时间延长。

⑤ 流动相对样品有适宜的溶解能力。如果溶解度欠佳,样品会在柱头沉淀,不但影响纯化分离,而且会损害柱子。

▶▶ 课堂互动

请你说一说 HPLC 对流动相的基本要求。

(3) 色谱柱。

色谱柱由柱管、螺帽、卡套(密封环)、筛板(过滤片)、柱接头及填料等组成。柱管多用不锈钢制成,管内壁要求有很高的光洁度。为提高柱效,减小管壁效应,不锈钢柱内壁多经过抛光。也有人在不锈钢柱内壁涂敷氟塑料以提高内壁的光洁度,其效果与抛光相同。柱管的内径一般为 0.5～4.6 mm,柱长度一般为 10～30 cm。色谱柱两端的柱接头内装有筛板(其材料是烧结不锈钢或钛合金),其孔径大小取决于填充剂粒度,目的是防止填充剂漏出。图 3-13 为色谱柱结构示意图。

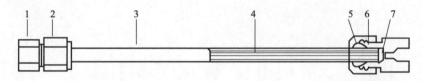

图 3-13　色谱柱结构示意图

1—柱接头；2—螺帽；3—柱管；4—填料；5—后垫圈；6—前垫圈；7—筛板

（4）色谱柱的性能评价。

对新的色谱柱，使用前要对其性能进行检测，使用期间或放置一段时间后也要重新检查，以评价柱的质量。一般用规定的对照品对色谱柱进行系统适用性实验。

（5）色谱柱的使用和保存。

① 一般在色谱柱前装保护柱，最好用卡套式的，可以换柱芯，成本低。其填料性质应与色谱柱相同或相近，颗粒直径大一些，主要是保护色谱柱不被样品中的强保留杂质或颗粒物污染，延长柱的使用寿命。

② 一般在色谱柱外加恒温箱，既能缩短分析时间，又能保证温度恒定，使保留时间具有良好的重现性。

③ 使用完毕后，如果流动相含有酸或无机盐，应当先用纯化水冲洗干净色谱柱，然后再用质量分数为 100% 的乙腈（纯品）或甲醇保存色谱柱，最后将柱子的接头密封好，存放在稳定的环境中。

④ 避免色谱柱受到直接的机械冲击或摔落，以免造成色谱柱性能的降低。

⑤ 选择适宜的流动相（尤其是 pH）。一般化学键合硅胶为填充剂的柱子适用 pH 为 2~8 的流动相，以免固定相被破坏。

▶▶ 课堂互动

请你说一说 HPLC 中色谱柱的使用注意事项。

4. 检测系统

检测系统的作用主要是检测经色谱柱分离后样品的组成和浓度的变化，并转化为可供检测的信号，以此完成定性分析或定量分析的任务。因此，要求它具有灵敏度高、噪音低、线性范围宽、重复性好、使用范围广等特点。

检测器种类较多，常见的检测器有紫外检测器、二极管阵列检测器、荧光检测器、示差折光检测器、蒸发光散射检测器、电化学检测器和质谱检测器等。

目前，应用最广泛的检测器是紫外检测器，它由光源、流通池和记录仪组成，其工作原理是：进入检测器的组分对特定波长的紫外光能产生选择性吸收，其吸光度与浓度的关系符合光的吸收定律。所用的流动相应符合紫外-可见分光光度法对溶剂的要求：流动相应当在所使用波长下没有吸收或吸收很小。图 3-14 为双光路紫外检测器的光路示意图。

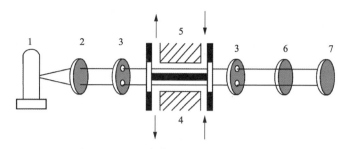

图 3-14　双光路紫外检测器的光路示意图

1—低压汞灯；2—透镜；3—遮光板；4—测量池；5—参比池；6—紫外滤光片；7—双紫外光敏电阻

5. 数据处理系统

数据处理系统的作用是对来自检测器的原始数据进行分析处理，给出所需要的信息。一般的数据处理系统都能对峰宽、峰高、峰面积、拖尾因子、分离度等参数进行计算。为了满足 GMP 和 GLP 规范的要求，许多色谱仪的数据处理系统还具有方法认证功能，使分析工作更加规范化，这对药物分析尤为重要。计算机技术的广泛应用使高效液相色谱仪的操作更加快速、简便、准确、精密和自动化，现在已可在互联网上远程处理数据。计算机的用途包括以下 3 个方面：

（1）采集、处理和分析数据。

（2）控制仪器。

（3）色谱系统优化和专家系统。

三、高效液相色谱仪的型号

由于高效液相色谱仪的广泛应用，其生产厂家、型号众多。目前常见的高效液相色谱仪生产厂家国外有 Waters 公司、Agilent 公司、岛津公司等，国内有大连依利特公司、上海分析仪器厂、北京分析仪器厂等。图 3-15、图 3-16 分别是 Waters 公司、岛津公司的高效液相色谱仪。

图 3-15　Waters 公司的 LC-2690 型高效液相色谱仪

图 3-16　岛津公司的 LC-10A 型高效液相色谱仪

任务四　高效液相色谱仪的使用

高效液相色谱法现已成为分析的重要方法之一,无论是食品分析还是药品分析、残留分析还是成分分析,高效液相色谱仪已成为应用最为广泛的分析仪器。要想获得理想的实验结果,必须正确地使用高效液相色谱仪,维护和保养好高效液相色谱仪。

一、高效液相色谱仪操作过程

对于不同的高效液相色谱仪,由于工作站不同,其操作过程也有很大区别。不过总体来说,其操作遵循下列步骤。

1. 准备

(1) 准备流动相。

配制所需流动相,根据不同的流动相选择合适的 $0.45~\mu m$ 的滤膜,过滤,然后进行超声脱气($20\sim30~min$)。

(2) 根据待测样品的需要更换合适的色谱柱(注意色谱柱方向)。

(3) 配置样品和标准溶液(也可在平衡系统时配置),用 $0.45~\mu m$ 的滤膜过滤(根据溶液性质选择不同材质的滤膜)。

(4) 检查仪器各部件的电源线、数据线和输液管道是否连接正常。

▶▶ 课堂互动

请思考一下,怎样根据流动相选择合适的滤膜?

2. 开机

(1) 接通电源,依次开启泵、检测器,待泵和检测器自检结束后,打开打印机、计算机,最后打开色谱工作站。

(2) 打开色谱工作站后,进入色谱工作站控制界面菜单,进行波长、流速等相关参数的设定。

(3) 更换纯化水并排气泡。

将吸滤器放入装有纯化水的贮液瓶中,打开排液阀,按相应的功能键对高压输液泵和进样阀进行冲洗并排气泡,一般冲洗速度不超过 $10~mL/min$,清洗完成后自动停止,关闭排液阀。如果管路中仍有气泡,则重复以上操作直至气泡排尽。

(4) 平衡系统。

用纯化水冲洗系统约 $30~min$,然后换流动相冲洗系统约 $30~min$,观察压力和基线变化。一般压力波动不超过 $0.5~MPa$,基线漂移小于 $0.01~mV/min$,噪声小于 $0.001~mV$ 时,可认为系统已达到平衡状态。

3. 进样

(1) 在色谱工作站中,输入实验信息并设定方法参数。

（2）进样前，按检测器校零键调零。

（3）点击"开始"，自动进样器开始进样；如果是手动进样，则先用试样溶液清洗注射器，排除气泡后再抽取适量试样溶液注入进样器，记录图谱和数据。

4. 关机

（1）数据采集完毕后，关闭检测器。继续以工作流动相（如流动相含缓冲盐，换为不含缓冲盐的同比例流动相冲洗）冲洗 20 min 后，再换用纯化水冲洗系统及色谱柱 30 min，最后用适合于色谱柱保存和有利于泵维护的溶剂冲洗 30 min。

（2）用纯化水把进样阀冲洗干净，另把注射器等工具清理干净。

（3）清洗完成后，先将流速缓慢降到0，然后关闭高压输液泵，最后关闭电源开关。

（4）实验完毕，更换循环瓶中的水，认真填写仪器使用记录。

二、高效液相色谱仪的常见故障及维护

高效液相色谱仪作为一种高精密仪器，如果在使用过程中不能正确操作的话，就容易导致一些问题，其中最容易出现问题的就是高效液相色谱仪的泵、柱子、检测器等。下面对常见故障及其维护方法简单做一下介绍。

1. 溶剂瓶

故障一：过滤器堵塞，导致无压力。

维护：一般过滤器使用 3～6 个月后或出现堵塞时要及时更换新的，或定期用酸、水等溶剂对过滤器进行彻底的清洗。在使用过程中，对通过过滤器的纯化水应及时更换，流动相必须用 0.45 μm 的滤膜过滤。

故障二：流动相有气泡。流动相中的气泡进入泵或柱子都会影响检测结果。

维护：必须对流动相进行脱气。

2. 泵

故障一：泵内进入气泡，影响流量的稳定。

维护：必须对流动相进行脱气。如果泵内已进入气泡，则停泵，旋钮切换至排液阀，按下"Purge"键排出气泡或用大的注射器抽取气泡。

故障二：泵密封损坏或单向阀损坏，产生漏液。

维护：因为尘埃或其他任何杂质都会磨损泵柱塞、密封环、缸体和单向阀，因此应预先除去流动相中的任何固体微粒，一般用 0.45 μm 的滤膜过滤流动相；流动相不应含有任何腐蚀性物质，含有缓冲液的流动相不应保留在泵内，防止缓冲液析出结晶而损坏泵。因此，必须用纯化水充分清洗泵后，再换成有利于泵维护的溶剂（对于反相键合固定相，可以用甲醇或甲醇和水的混合液）；泵工作时要留心防止溶剂瓶内的流动相用完，空泵运转会磨损柱塞、密封环或缸体，最终产生漏液；高压输液泵的工作压力不要超过规定的最高压力，否则会使高压密封环变形而产生漏液。

3. 进样阀

故障一：手动阀易转动不灵。

维护:转子密封损坏或转子拧得过紧,可以根据实际情况更换或调整转子密封,调整转子的松紧度。

故障二:进样阀漏液。

维护:进样阀漏液的主要原因是转子密封受到损坏,而转子密封损坏的原因绝大部分是固体杂质划伤其表面。这些固体杂质可能来源于样品、流动相或缓冲液中盐的结晶。因此,必须对样品液、流动相进行过滤。

4. 色谱柱

故障一:筛板堵塞。

维护:对流经色谱柱的流动相和样品必须用 $0.45~\mu m$ 的微孔滤膜过滤,并运用在线过滤器过滤。

故障二:柱头塌陷。

维护:对以硅胶为载体的键合固定相色谱柱,使用 pH 为 $2\sim8$ 的流动相;色谱柱前使用保护柱;最好在进样器前加预柱。

5. 检测器

故障一:光源灯不能正常工作,可能产生严重噪音、基线漂移、出现平头峰等异常峰,甚至使基线不能回零。

维护:需要更换光源灯。一般灯都有一定的使用寿命,因此对紫外灯的最根本维护就是在不进行测定时及时关灯,尽量延长灯的使用寿命。

故障二:流通池污染或流通池有气泡。气泡连续不断地通过流通池,将使噪音增大,影响测定结果。

维护:保持流通池清洁,池后使用反压抑制器,流动相必须脱气。可以使用适当溶剂清洗流通池,要注意溶剂的互溶性。

以上内容只是对液相色谱仪中出现的常见问题进行了分析,在实际应用中,还存在许多复杂的问题,需要仔细分析产生问题的原因,再一一进行排除。总之,在使用高效液相色谱仪时一定要注意样品的前处理与仪器的正确操作和保养。

▶▶▶ 课堂互动

在色谱分析中,为什么进样完毕后必须立即关闭检测器?

三、高效液相色谱仪使用注意事项

规范的操作习惯不但可以延长仪器的使用寿命,而且能使高效液相色谱仪处于良好的待机状态,能够很好地工作、得到可靠的数据。总的来说,高效液相色谱仪的使用注意事项最重要的有三点:脱气、过滤和冲洗。

1. 脱气

高效液相色谱仪系统内部是不允许有气泡存在的,如果气泡进入色谱系统,通常会造成瞬间流速降低和系统压力下降,色谱图上表现为基线波动,噪音增大,进而使测定数值发生偏移,甚至无法分析。

进入色谱系统内部的气泡主要是流动相中溶解的空气，因此，流动相在使用前必须经过充分脱气。常用的脱气方法主要有以下几种：

（1）超声波脱气法。

该法是目前广泛采用的脱气方法。将欲脱气的流动相置于超声波清洗器中，用超声波震荡 10～20 min。

（2）吹氦脱气法。

利用氦气在液体中溶解度比空气低的特性，在 0.1 MPa 压力下，以约 60 mL/min 的流速通入流动相贮液器中，维持 10～15 min，可以有效地从流动相中排除溶解的空气。虽然这种脱气方法好，但国内氦气价格较高，很少有实验室采用此方法。

（3）加热回流法。

此法的脱气效果较好。在操作时要注意冷凝塔的冷却效率，否则溶剂会丢失，混合流动相的比例会有变化。

（4）抽真空脱气法。

此法可使用真空泵，降压至 0.05～0.07 MPa 即可除去溶解的气体。但是由于真空脱气会使混合溶剂组成发生变化，从而影响实验的重现性，因此多用于单溶剂体系的简单分析。

（5）在线脱气法。

高效液相色谱仪均可配在线脱气机。在线脱气使用简单，故障率低，效果好。

2. 过滤

任何颗粒物进入高效液相色谱系统后都会在柱子入口端被筛板挡住，最后的结果是将柱子堵塞，导致系统压力增加并使色谱峰变形。因此，必须采取各种预防措施，努力防止或减少颗粒物进入色谱系统，从而延长仪器和色谱柱的使用寿命，并提高分析数据的可靠性。

色谱系统中颗粒物的主要来源有 3 个途径：流动相、被测样品和仪器系统部件的磨损物。

（1）流动相。

去除流动相中颗粒物的有效方法是用 0.45 μm 的微孔滤膜过滤。过滤的装置是溶剂过滤器，由过滤瓶装置和真空泵组成。过滤瓶装置包括三角集液瓶、砂芯过滤头、过滤杯以及固定夹，如图 3-17 所示。过滤瓶应选用优质高强度的特硬玻璃材料，且有良好的耐压性。

图 3-17　溶剂过滤瓶装置图
1—过滤杯；2—固定夹；
3—砂芯过滤头；4—三角集液瓶

根据流动相性质的不同，选择不同类型的微孔滤膜，主要依据是：

① 聚四氟乙烯滤膜。适用于所有溶剂，如酸和盐。

② 醋酸纤维滤膜。不适用于有机溶剂,特别适用于水基溶剂。

③ 尼龙 66 滤膜。适用于绝大多数有机溶剂和水溶液,可以用于强酸,不适用于二甲基甲酰胺。

④ 再生纤维素滤膜。蛋白吸收低,适用于水溶性样品和有机溶剂。

(2) 被测样品。

被测样品放置在自动进样器盘(或手动进样)以前,先通过一个 $0.45\ \mu m$ 针筒式过滤器过滤,这是一个有效除去被测样品中颗粒物的方法。

(3) 仪器系统部件的磨损物。

色谱系统中颗粒物的另一个主要来源是输液泵密封垫和进样阀旋转轴的磨损。最好在高压输液泵上安装玻璃砂芯或筛网,可滤掉从泵密封垫磨损下来的颗粒物,防止这些颗粒物随流动相流至柱头。为防止自动进样器旋转轴的磨损物流至柱头,可在自动进样器和柱子之间连接一个多孔过滤器,这个多孔过滤器将成为挡板代替柱头的滤板。

▶▶ 课堂互动

进入色谱系统的溶剂为什么要过滤?色谱系统中颗粒物的来源主要有哪些途径?

3. 冲洗

高效液相色谱系统良好运行的第三个要点是保持系统清洁,因此对流动相流经色谱系统的所有地方,要经常有针对性地冲洗,从而使系统保持良好的状态。

(1) 贮液瓶。

贮液瓶要经常清洗,一般每周都要用异丙醇清洗一次。如贮液瓶中盛放的水要天天换,盛放的缓冲液使用时间最好不要超过一周,盛放的有机溶剂使用时间则不要超过一个月。

(2) 泵。

不要分析一结束冲洗几分钟就停泵,特别是当流动相中含有难挥发的缓冲液时,在停泵以前一定要用非缓冲液流动相冲洗泵至少 30 min,可视缓冲液挥发的程度适当增加冲洗时间,否则流动相中的盐结晶粘在活塞密封垫的表面,易造成泵密封垫磨损和单向阀渗漏。

(3) 进样器。

进样器要按规定清洗。手动进样器可用专用清洗注射器吸取水或不含盐的流动相冲洗数遍;自动进样器一般配有冲洗液瓶,通常只要注意及时更换、补充冲洗液即可。

(4) 色谱柱。

即使样品和流动相已做过前处理,也仍难以避免柱子受到污染,因此必须对柱子进行清洗。一般在每次柱子使用完毕后,先用适合的溶剂冲洗色谱柱约 30 min,再用适合于色谱柱保存的溶剂冲洗约 30 min。

（5）检测器。

一般在对柱子和系统进行冲洗时，也就一同对检测器流通池中的污染物进行了清洗。但是蒸发光检测器或质谱仪则需要按照说明书进行定期清洗，而且冲洗连有这些检测器的系统时，最好与这些检测器断开，以减少对检测器的污染。

当然，在实际操作时有很多需要注意和处理的问题，必须具体问题具体分析，要熟练掌握高效液相色谱仪的分析技术，必须依靠大量的实践经验。

知识拓展：色谱柱的再生

色谱柱是消耗品，随着使用时间或进样次数的增加，柱效会下降，为节约成本，可对色谱柱进行再生。一般再生的方法是：① 反相柱的再生。依次采用 20～30 倍色谱柱体积的甲醇-水（体积比为 10：90）、乙腈、异丙醇作为流动相冲洗色谱柱，完成后再以相反顺序冲洗色谱柱。② 正相柱的再生。依次以 20～30 倍色谱柱体积的正己烷、异丙醇、二氯甲烷、甲醇（要注意溶剂必须严格脱水）作为流动相冲洗色谱柱，然后再以相反的顺序冲洗色谱柱。

如果柱头塌陷或柱内填料被污染，可拆开柱头，去掉过滤片后，取出被污染的填料，用无水乙醇调成糊状的同种填料填补柱头，用与柱内径相同的、顶端平而光滑的不锈钢或聚四氟乙烯棒压紧，再填平，再压紧，反复 3～5 次，最后用无水乙醇将柱头四周润湿几次，擦干净柱外壁的填料，换上新过滤片，拧紧接头，接上泵冲洗即可。

任务五　高效液相色谱法的应用

一、定性分析

高效液相色谱法的定性方法可分为色谱鉴定法和非色谱鉴定法，其中非色谱鉴定法又可分为化学鉴定法和两谱联用鉴定法。

1. 色谱鉴定法

色谱鉴定法是利用对照品与样品的保留时间或相对保留时间对组分进行鉴别分析。其原理是同一物质在相同的色谱条件下保留时间相同。如果只靠保留时间不足以定性，还可结合化学鉴别反应、红外光谱、紫外光谱等进行定性分析。该法常用于范围已知的未知物的鉴别。

2. 非色谱鉴定法

（1）化学鉴定法。

化学鉴定法是利用专属性化学反应对分离后收集的组分进行定性分析。该法仅能鉴定组分属于哪一类化合物。通常是收集色谱馏分，再与官能团分类试剂反应。由于高效液相色谱法收集组分比气相色谱法容易，因此该法是较实用的方法之一。

（2）两谱联用鉴定法。

当相邻两组分的分离度足够大时，分别收集各组分的洗脱液，除去流动相，再用紫外光谱、红外光谱、质谱或核磁共振波谱等分析方法进行定性鉴定。

二、定量分析

高效液相色谱法的定量分析方法与气相色谱法相同,主要有以下 5 种方法:

1. 内标法

内标法是以被测组分和内标物的峰高或峰面积比求样品含量的方法。按各品种项下的规定,精密称取对照品和内标物质,分别配成溶液,精密量取各适量,混合配成校正因子测定用的对照品溶液。取一定量注入仪器,记录色谱图。测量对照品和内标物质的峰面积或峰高,计算校正因子:

$$f = \frac{A_s/c_s}{A_R/c_R}$$ (3-16)

式中: f ——校正因子;

A_s ——内标物质的峰面积或峰高;

A_R ——对照品的峰面积或峰高;

c_s ——内标物质的浓度;

c_R ——对照品的浓度。

再取各品种项下含有内标物质的供试品溶液注入仪器,记录色谱图,测量供试品中待测成分(或其杂质)和内标物质的峰面积或峰高,按下式计算含量:

$$c_x = f \times \frac{A_x}{A_s'/c_s'}$$ (3-17)

式中: A_x ——供试品的峰面积或峰高;

c_x ——供试品的浓度;

A_s' ——内标物质的峰面积或峰高;

c_s' ——内标物质的浓度;

f ——校正因子。

采用内标法,可避免因样品前处理及进样体积误差对测定结果的影响。

2. 外标法

外标法是以被测组分与对照品的量对比求样品含量的方法。按各品种项下的规定,精密称取对照品和供试品,配制成溶液,分别精密量取一定量注入仪器,记录色谱图,测量对照品溶液和供试品溶液中待测成分的峰面积(或峰高),按下式计算含量:

$$c_x = c_R \times \frac{A_x}{A_R}$$ (3-18)

式中: c_x ——供试品的浓度;

c_R ——对照品的浓度;

A_x ——供试品的峰面积或峰高;

A_R ——对照品的峰面积或峰高。

由于微量注射器不易精确控制进样量,当采用外标法测定供试品中的成分或杂质含量时,以定量环或自动进样器进样为好。

3. 加校正因子的主成分自身对照法

测定杂质含量时,可采用加校正因子的主成分自身对照法。在建立方法时,按各品种项下的规定,精密称(量)取参比物质对照品和待测物对照品各适量,配制测定杂质校正因子的溶液,进样,记录色谱图,按下式计算杂质的校正因子:

$$f = \frac{c_A/A_A}{c_B/A_B} \tag{3-19}$$

式中: c_A——待测物对照品的浓度;

c_B——参比物质对照品的浓度;

A_A——待测物对照品的峰面积或峰高;

A_B——参比物质对照品的峰面积或峰高。

此校正因子可直接载入各品种项下,用于校正杂质的实测峰面积。这些需做校正计算的杂质,通常以主成分为参照,采用相对保留时间定位,其数值一并载入各品种项下。

测定杂质含量时,按各品种项下规定的杂质限度,将供试品溶液稀释成与杂质限度相当的溶液作为对照品溶液,进样,记录色谱图,必要时调节纵坐标范围(以噪声水平可接受为限),使对照品溶液的主成分色谱峰的峰高达满量程的 $10\%\sim25\%$。除另有规定外,通常对于含量低于 0.5% 的杂质,峰面积的相对标准偏差(RSD)应小于 10%;对于含量为 $0.5\%\sim2\%$ 的杂质,峰面积的 RSD 应小于 5%;对于含量大于 2% 的杂质,峰面积的 RSD 应小于 2%。取供试品溶液和对照品溶液适量,分别进样,除另有规定外,供试品溶液的记录时间应为主成分色谱峰保留时间的 2 倍,测量供试品溶液色谱图上各杂质的峰面积,分别乘以相应的校正因子,然后与对照品溶液主成分的峰面积比较,即可计算各杂质含量。

4. 不加校正因子的主成分自身对照法

测定杂质含量时,若无法获得待测杂质的校正因子,或校正因子可以忽略,可采用不加校正因子的主成分自身对照法。与加校正因子的主成分自身对照法一样,将供试品溶液稀释成与杂质限度相当的溶液作为对照品溶液,并调节检测灵敏度后,取供试品溶液和对照品溶液适量,分别进样,前者的记录时间除另有规定外应为主成分色谱峰保留时间的 2 倍。测量供试品溶液色谱图上各杂质峰面积,并将其与对照品溶液主成分的峰面积比较,依法计算杂质含量。

5. 面积归一化法

按各品种项下的规定,配制供试品溶液,取一定量注入仪器,记录色谱图。测量各峰的面积和色谱图上除溶剂峰以外的总色谱峰面积,计算各峰面积占总峰面积的百分率。

用于杂质检查时,由于峰面积归一化法测定误差大,因此,本法通常只能用于粗略考察供试品中的杂质含量。除另有规定外,一般不宜用于微量杂质的检查。

▶▶ 课堂互动

高效液相色谱法定量分析的方法有哪些?

三、应用示例

例2 辛伐他汀片的定性方法(色谱鉴定法)。

在含量测定项下记录的色谱图中,供试品溶液主峰的保留时间应与对照品溶液主峰的保留时间一致。

图3-18分别为相同色谱条件下辛伐他汀对照品和样品的图谱。

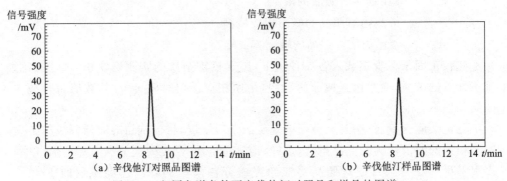

图3-18 相同色谱条件下辛伐他汀对照品和样品的图谱

例3 地塞米松含量的测定(外标法测定)。

色谱条件:以十八烷基硅烷键合硅胶为填充剂,乙腈-水(体积比为28∶72)为流动相,检测波长为240 nm。

系统适用性试验:取有关物质项下的对照品溶液20 μL,注入高效液相色谱仪,记录色谱图,出峰顺序依次为倍他米松峰与地塞米松峰,分离度应符合要求。

分别精密称取地塞米松对照品(质量分数为98.12%)10.32 mg 和供试品10.24 mg,分别用2 mL甲醇溶解后用流动相稀释至200 mL。取对照品和供试品溶液各20 μL,分别注入高效液相色谱仪,记录色谱图,如图3-19所示。其所得数据为:对照品峰面积134 459,供试品峰面积133 852。

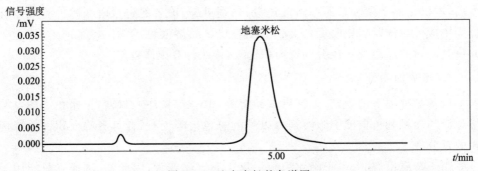

图3-19 地塞米松的色谱图

地塞米松的含量为：

$$w(地塞米松) = \frac{A_x m_R P}{A_R m_x} \times 100\% = \frac{133\ 852 \times 10.32 \times 98.12\%}{134\ 459 \times 10.24} \times 100\% = 98.44\%$$

式中：　m_R——对照品的质量，单位为 g；

　　　　m_x——供试品的质量，单位为 g；

　　　　P——对照品的含量；

　　　　X——样品的含量；

　　　　A_x——供试品的峰面积；

　　　　A_R——对照品的峰面积。

例 4　维生素 K_1 的含量测定（内标法）。

内标溶液的制备：取苯甲酸胆甾脂 37.51 mg，置于 25 mL 容量瓶中，用流动相溶解并稀释至刻度，摇匀，即得。

对照品溶液的制备：精密称取维生素 K_1 对照品（含量为 99.7%）20.18 mg，置于 50 mL 容量瓶中，用流动相溶解并稀释至刻度，摇匀。精密量取所配溶液 5 mL 与内标溶液 1 mL，置于 10 mL 容量瓶中，用流动相稀释至刻度，摇匀，作为对照品溶液。

供试品溶液的制备：精密称取维生素 K_1 供试品 20.56 mg，置于 50 mL 容量瓶中，用流动相溶解并稀释至刻度，摇匀。精密量取所配溶液 5 mL 与内标溶液 1 mL，置于 10 mL 容量瓶中，用流动相稀释至刻度，摇匀，作为供试品溶液。

取对照品溶液和供试品溶液各 10 μL 进样，对照品溶液中测得的峰面积（顺反异构体的面积和）和内标溶液的峰面积分别为 1 350 199 和 1 039 200，供试品溶液中测得的组分峰面积（顺反异构体的面积和）和内标溶液的峰面积分别为 1 313 201 和 1 038 999。试计算样品中维生素 K_1 的百分含量。

计算结果如下：

$$f = \frac{A_s/c_s}{A_R/c_R} = \frac{1\ 039\ 200/(37.51/25)}{1\ 350\ 199/(20.18 \times 99.7\%/50)} = 0.206\ 4$$

$$w(维生素\ K_1) = f \frac{A_x/(m_x/V_x)}{A_s'/C_s'} \times 100\%$$

$$= 0.206\ 4 \times \frac{1\ 313\ 201/(20.56/50)}{1\ 038\ 999/(37.51/25)} \times 100\% = 95.19\%$$

式中：　m_x——供试品的质量，单位为 mg；

　　　　V_x——供试品的体积，单位为 mL；

　　　　其余符号含义同前面公式。

任务六　阿莫西林含量的测定（实训）

抗生素品种繁多，临床应用广泛，依据化学结构的不同，可分为 β-内酰胺类抗生素、四环素类抗生素、氨基糖苷类抗生素及氟喹诺酮类抗生素等。目前，高效液相色谱法在抗生素测定中的应用越来越广。β-内酰胺类抗生素中的阿莫西林是比较常用的抗生素,它的含量测定常用高效液相色谱法中的外标法。

一、实训目的

通过阿莫西林含量测定,了解外标法测定含量的操作方法。

二、实训原理

用十八烷基硅烷键合硅胶为填充剂,以 0.05 mol/L 磷酸二氢钾溶液(用 2 mol/L 氢氧化钾溶液调节 pH 至 5.0)-乙腈(体积比为 97.5∶2.5)为流动相,检测波长为 254 nm。分别量取 20 μL 对照品溶液和样品液注入液相色谱仪,记录色谱图;按外标法以峰面积计算阿莫西林的含量。

三、操作规程

1. 仪器和试剂

(1)仪器。

① 高效液相色谱仪。② 紫外检测器。③ 十八烷基硅烷键合硅胶色谱柱。④ 超声波清洗仪。⑤ 0.45 μm 的微孔滤膜。

(2)试剂。

① 0.05 mol/L 磷酸二氢钾溶液:称取 6.8 g 磷酸二氢钾,加 800 mL 水溶解,用 2 mol/L 氢氧化钾溶液调节 pH 至 5.0,加水稀释至 1 000 mL。

② 2 mol/L 氢氧化钾溶液:称取 11.2 g 氢氧化钾,加水稀释至 100 mL。

③ 色谱纯的乙腈。

④ 阿莫西林对照品。

⑤ 阿莫西林样品。

⑥ 流动相。以 0.05 mol/L 磷酸二氢钾溶液(用 2 mol/L 氢氧化钾溶液调节 pH 至 5.0)-乙腈(体积比为 97.5∶2.5)为流动相,必要时可适当调节流动相比例,以满足分离需要。用 0.45 μm 的微孔滤膜过滤,超声脱气 20∼30 min。

2. 操作步骤

(1)根据要求,换十八烷基硅烷键合硅胶色谱柱;检查仪器各部件的电源线、数据线和输液管道是否连接正常。

(2)接通电源,打开仪器,设置波长、流速等相关参数。

(3)吸滤器放入装有纯化水的贮液瓶中,打开排液阀排出气泡,冲洗系统及色谱柱约 30 min,然后将吸滤器放入装有流动相的贮液瓶中,用流动相平衡系统约 30 min。

(4)配置样品和对照品溶液:精密称取本品 2 份、对照品 1 份各约 25 mg,分别置于 50 mL 容量瓶中,加流动相溶解并稀释至刻度,摇匀,分别用 0.45 μm 的微孔滤膜过滤。

(5)按检测器校零键调零。

（6）用对照品溶液清洗注射器，抽取适量排除气泡后注入进样器，定量环为 20 μL，连续进样 5 针，记录图谱和数据。其图谱如图 3-20 所示。

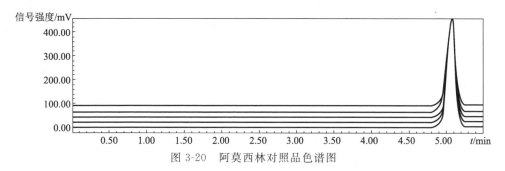

图 3-20 阿莫西林对照品色谱图

（7）同法取样品溶液分别注入进样器，各进样 1 针，分别记录图谱和数据。样品的色谱图见图 3-21。

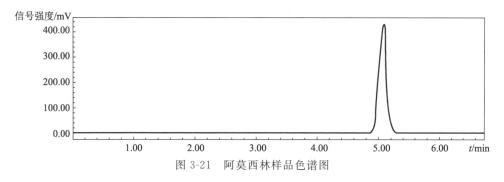

图 3-21 阿莫西林样品色谱图

3. 关机

（1）数据采集完毕后，关闭检测器。用纯化水冲洗系统及色谱柱约 30 min，然后用甲醇冲洗系统及色谱柱约 30 min。

（2）用纯化水把进样阀冲洗干净，另把注射器等工具清理干净。

（3）清洗完成后，先将流速缓慢降到 0，然后关闭高压输液泵，最后关闭电源开关。

（4）实验完毕，更换循环瓶中的水，认真填写仪器使用记录。

四、数据处理

1. 系统适用性实验

以对照品图谱和数据为依据计算相关数据。

2. 含量计算

$$w = \frac{A_x m_R P}{A_R m_x} \times 100\%$$

（3-20）

式中各符号含义同第 98 页例 3。

101

五、思考题

(1) 流动相为什么要脱气?

(2) 做样完毕,为什么要先用纯化水冲洗系统约 30 min?

(3) 流动相配置比必须严格遵循吗? 为什么?

目 标 检 验

一、选一选

1. 在高效液相色谱流程中,试样混合物在( )中被分离。

 A. 检测器　　　　B. 记录仪　　　　C. 色谱柱　　　　D. 进样器

2. 高效液相色谱流动相过滤必须使用( )粒径的滤膜。

 A. 0.5 μm　　　B. 0.45 μm　　　C. 0.6 μm　　　D. 0.55 μm

3. 在高效液相色谱中,为了满足系统适用性实验要求,可以进行( )操作。

 A. 改变流动相的种类或柱长

 B. 改变固定相的种类或柱长

 C. 改变固定相的种类和流动相的种类

 D. 改变流动相的配比

4. 化学键合相色谱法的特点不包括( )。

 A. 均一性和稳定性好,使用周期长　　　B. 柱效高

 C. 流动相的 pH 可任意调节　　　　　　D. 重现性好

5. 在高效液相色谱中,色谱柱的长度一般在( )范围内。

 A. 10～30 cm　　　B. 20～50 m　　　C. 1～2 m　　　D. 2～5 m

6. 在高效液相色谱仪中,保证流动相以稳定的速度流过色谱柱的部件是( )。

 A. 贮液器　　　　B. 高压输液泵　　　C. 检测器　　　　D. 温控装置

7. 在液相色谱中,不会显著影响分离效果的是( )。

 A. 改变固定相种类　　　　　　　B. 改变流动相流速

 C. 改变流动相配比　　　　　　　D. 改变流动相种类

8. 高效液相色谱仪与气相色谱仪相比增加了( )。

 A. 恒温箱　　　　B. 进样装置　　　C. 程序升温　　　D. 梯度洗脱装置

9. 高效液相色谱仪中高压输液系统不包括( )。

 A. 贮液器　　　　B. 高压输液泵　　　C. 进样器　　　　D. 梯度洗脱装置

10. 在反相键合色谱法中,流动相常用( )。

 A. 甲醇-水　　　B. 正己烷　　　C. 水　　　D. 正己烷-水

二、想一想

1. 高效液相色谱仪由哪些结构组成? 各有何作用?

2. 高效液相色谱法与经典液相色谱法、气相色谱法相比有何异同?

3. 高效液相色谱法中怎样选择流动相?

4. 简述高效液相色谱仪使用注意事项。

5. 高效液相色谱法的定性方法主要有哪些?

6. 流动相为什么要过滤、脱气?

三、算一算

1. 外标法测定头孢拉定的含量:① 制备头孢拉定对照品溶液。取含量为 94.1% 的头孢拉定对照品 35.41 mg,溶解定容至 50 mL。② 制备头孢氨苄对照品贮备液。取头孢氨苄对照品 20.03 mg,溶解定容至 50 mL。③ 取供试品 70.56 mg,溶解定容至 100 mL,作为供试品溶液。取 10 份头孢拉定对照品液与 1 份头孢氨苄对照品贮备液混合,取混合液 10 μL,注入高效液相色谱仪,记录色谱图。头孢拉定的保留时间为 9.04 min,半峰宽为 0.39 min;头孢氨苄的保留时间为 6.40 min,半峰宽为 0.26 min。求理论塔板数 n(按头孢拉定峰计算)和分离度 R。

取头孢拉定对照品溶液 10 μL 注入高效液相色谱仪,连续进样 5 次,头孢拉定的峰面积分别是 9 385 756,9 386 034,9 385 200,9 386 103,9 384 986;取供试品溶液 10 μL,注入高效液相色谱仪,头孢拉定的峰面积为 9 501 024。求供试品中头孢拉定的含量。

2. 内标法测定物质 A 的含量:取对照品 51.89 mg 和内标物 5.03 mg,溶解定容至 100 mL,取所配溶液 10 μL 注入高效液相色谱仪。所得数据为:对照品的峰面积 1 120 568,内标物的峰面积为 875 631。求校正因子。

另取供试品 54.07 mg 和内标物 5.18 mg,溶解定容至 100 mL,取所配溶液 10 μL,注入高效液相色谱仪,记录色谱图,所得数据为:供试品的峰面积 1 105 725,内标物的峰面积 856 120。求供试品的百分含量。

知识拓展:色谱联用仪器的发展

高效液相色谱法与多种仪器联用可以互相取长补短,解决大量实际问题,是现代仪器分析发展的必然趋势。

1. 与质谱仪的联用

结合了色谱对复杂基体化合物的高分离能力与质谱独特的选择性、灵敏度、相对分子质量及结构信息于一体的特点,应用领域广泛。

2. 与红外光谱仪的联用

红外光谱是一种强有力的结构鉴定手段,二者联用能够在得到色谱图的同时监测到每个色谱峰的完整光谱。目前在环境污染分析中被用于测定水中的烃类、海水中的不挥发烃类等,使环境污染分析得到新的发展。

3. 与核磁共振的联用

应用领域较广泛。在聚合物应用方面有:测定组分结构和相对分子质量、控制原料和产品质量、研究聚合物动力学等;在药物和临床方面有:不需事先分离就能检测混合物中的各个组分,分析体液(如尿、胆汁、血清、生物体培养等),研究代谢过程和药效学;在食品和工业方面有:各种酒、果汁中的糖类分析,水污染分析和天然产物的筛选等。

项目三　薄层色谱法

知识目标

1. 了解薄层色谱法的基本原理。
2. 掌握薄层色谱操作技术。
3. 掌握薄层色谱法的定性分析和定量分析。

技能目标

1. 能正确规范地进行薄层板的铺制与活化,熟练配制展开剂和制备溶液,并按照SOP熟练进行薄层色谱操作。
2. 正确填写相应的记录,发放检验报告。
3. 能熟练利用薄层色谱法对具体药品进行定性分析和定量分析。

任务一　维生素C片的鉴别

一、维生素C片的鉴别方法(《药典》描述)

取本品的细粉适量(相当于 10 mg 维生素C),加水 10 mL,振摇使维生素C溶解,过滤,取滤液作为供试品溶液;另取维生素C对照品适量,加水溶解制成每1 mL含1 mg 的溶液,作为对照品溶液。照薄层色谱法(2015 年版《药典》通则 0502),吸取上述两种溶液各2 μL,分别点于同一硅胶 GF$_{254}$薄层板上,以乙酸乙酯-乙醇-水(体积比为 5:4:1)为展开剂,展开后,晾干,立即(1 h 内)置紫外光灯(254 nm)下检视,供试品溶液所显主斑点的颜色和位置应与对照品溶液的主斑点相同。

二、操作步骤

1. 对照品溶液和供试品溶液的准备

对照品溶液:取维生素C对照品适量,加水溶解制成每1 mL含1 mg 的溶液,作为对照品溶液。

供试品溶液：取维生素 C 片的细粉适量（相当于 10 mg 维生素 C），加水 10 mL，振摇使维生素 C 溶解，过滤，取滤液作为供试品溶液。

2. 点样

（1）画基线。在距薄层板底端 2 cm 处画基线。

（2）点样。用微量注射器取上述两种溶液各 2 μL，分别点于同一硅胶 GF$_{254}$ 薄层板上，每点一次需要吹干或晾干后再点第二次，点样量不能过多，否则容易造成拖尾或扩散的现象。斑点直径应小于 3 mm，多个样品之间的距离约为 2 mm。

3. 展开

（1）展开剂。以乙酸乙酯-乙醇-水（体积比为 5∶4∶1，要现用现配）为展开剂。

（2）层析缸饱和。将展开剂倒入层析缸（高度为 0.5 cm 左右），用展开剂饱和层析缸。

（3）薄层板展开。将薄层板倾斜 45°～60°放入层析缸内，展开剂液面要低于薄层板的基线，盖好盖子保持密闭状态。等到溶剂前沿距离薄层板上端 3/4 处时取出，在空气中晾干。

4. 检视

在 254 nm 波长下，紫外灯检视薄层板，对比供试品斑点和对照品斑点的位置。

三、结果分析

供试品溶液所显主斑点的颜色和位置应与对照品溶液的主斑点相同。

▶▶ 课堂互动

维生素 C 的鉴别中，薄层板如何制备？（请查阅资料）

任务二　薄层色谱法基本知识

薄层色谱法（TLC）是将供试品溶液点样于薄层板上，经展开、检视后，将所得的色谱图与适宜的对照物按同法所得的色谱图做对比，用于分析的方法。此法常用于药品的鉴别或杂质的检查。

与气相色谱法和高效液相色谱法相比，薄层色谱法不需要特殊设备，固定相一次性使用，样品预处理比较简单，对被分离物质的性质没有限制，使用范围广，可同时进行多个样品的分离分析。

一、薄层色谱法的分类和原理

1. 薄层色谱法的分类

根据固定相的性质和分离机理的不同，薄层色谱法的分类如图 3-22 所示。

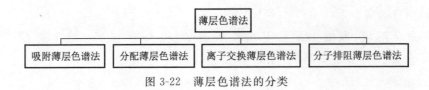

图 3-22　薄层色谱法的分类

实践中,吸附薄层色谱法的应用最为广泛,故仅对吸附薄层色谱法做介绍。

2. 吸附薄层色谱法的基本原理

固定相为吸附剂的薄层色谱法称为吸附薄层色谱法。在吸附薄层色谱法中,将含有 A 和 B 两组分的样品溶液点在薄层板上,将点样端浸入适宜的溶剂(展开剂)中,在密闭容器中展开。A 和 B 两组分首先被吸附剂吸附,随后被展开剂溶解而解吸,并随展开剂向前移动。当遇到新的吸附剂后,A 和 B 两组分又被吸附,随后又被展开剂解吸。组分在薄层板上经历吸附、解吸、再吸附、再解吸,这一过程在薄层板上反复进行。若吸附剂对 A 组分的吸附力强,解吸能力弱,则 A 组分在薄层板上移动速度慢,移动距离短;若对 B 组分的吸附力弱,解吸能力强,则 B 组分在薄层板上的移动速度快,移动距离长。因此,经过一段时间的展开后,A 和 B 两组分将会在其移动方向上形成彼此分离的斑点。在吸附薄层色谱法中,一般极性大的组分移动速度慢,极性小的组分移动速度快。

▶▶▶ 课堂互动

薄层色谱法的分类有哪些?

二、R_f(比移值)

试样中各组分斑点在薄层板上的位置通常用 R_f 来表示,R_f 又称比移值,可用来衡量各组分的分离情况,其计算见式(3-21),测量示意图如图 3-23 所示。

$$R_f = \frac{\text{从基线至展开斑点中心的距离}}{\text{从基线至展开剂前沿的距离}} = \frac{L_a}{L} \qquad (3\text{-}21)$$

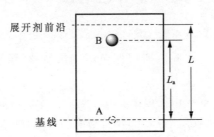

图 3-23　R_f 的测量示意图

A—样液的原点位置;B—物质展开后的斑点位置

R_f 值在 0～1 之间变化。若 $R_f = 0$,表示斑点留在原点不动,即该组分不随展开剂移动,说明物质被吸附过强,解吸太难;若 $R_f = 1$,表示斑点不被吸附剂吸附,而随展开剂迁移到溶剂前沿,说明物质不易被吸附,解吸很容易。在相同条件下,不同组分各有其 R_f,适宜分离的 R_f 为 0.2～0.8。在一定的色谱条件下,特定化合物的 R_f 值是一个常数,因此可以根据化合物的 R_f 值鉴别化合物。

▶▶ 课堂互动

什么是比移值?其适宜值是什么?

任务三　薄层色谱法的操作技术

薄层色谱法的操作一般包括薄层板的制备、点样、展开、显色与检视、记录五步。

一、薄层板的制备

薄层板的好坏是分离成功与否的关键。一块好的薄层板要求吸附剂涂铺均匀,表面光滑,无裂纹、气泡现象,厚度一致。常用的薄层板分为市售薄层板和自制薄层板。

1. 市售薄层板

使用前一般应在 110 ℃下活化 30 min。聚酰胺薄膜不需活化,铝基片薄层板、塑料薄层板可根据需要裁剪,但应注意剪裁后的薄层板底边的固定相层不得有破损。在存放期间,薄层板如果被空气中的杂质污染,使用前可用三氯甲烷、甲醇或二者的混合溶剂在展开缸中上行展开预洗,晾干,在 110 ℃下活化,置干燥器中干燥。

2. 自制薄层板

(1)铺板。除另有规定外,将 1 份固定相和 3 份水相(加有黏合剂的水溶液,如质量分数为 0.2%～0.5% 的羟甲基纤维素钠水溶液,或规定浓度的改性剂溶液)在研钵中按同一方向研磨混合,去除表面的气泡后,倒入涂布器中,在玻璃板上平稳地移动涂布器进行涂布(厚度为 0.2～0.3 mm)。

(2)活化。将涂好薄层的玻璃板置于水平台面上,使其在室温条件下自然晾干,然后放入烘箱中恒温(110 ℃)加热 30 min,最后置于有干燥剂的干燥箱中备用。

自制的薄层板在反射光及透视光下检视,表面应均匀、平整、光滑,并且无麻点、无气泡、无破损及无污染。

▶▶ 课堂互动

如何活化薄层板?

二、点样

将试样溶液滴加到薄层上的操作称为点样。除另有规定外,点样应在洁净干燥的环境中,用专用毛细管或配合相应的半自动、自动点样器点样于薄层板上。

1. 样点要求

样点一般呈圆点状或窄细的条带状。圆点状直径一般不大于 4 mm,高效薄层板圆点状直径一般不大于 2 mm,接触点样时注意勿损伤薄层表面;条带状宽度一般为 5~10 mm,高效薄层板条带宽度一般为 4~8 mm,可用专用半自动或自动点样器喷雾法点样。

2. 点样位置

色样基线距底边 10~15 mm,高效薄层板的一般基线离底边 8~10 mm;点间距离可视斑点扩散情况,以相邻斑点互不干扰为宜,一般不少于 8 mm,高效薄层板供试品间隔不少于 5 mm。

▶▶▶ 课堂互动

点样的位置有什么要求?

三、展开

将点好样的薄层板放入展开缸中,浸入展开剂称为展开。

1. 展开前预处理

展开前如果需要溶剂蒸气预平衡,可在展开缸中加入适量的展开剂,密闭,一般保持 15~30 min。溶剂蒸气预平衡后,应迅速放入载有供试品的薄层板,立即密闭,展开。如果需使展开缸达到溶剂蒸气饱和的状态,则须在展开缸的内壁贴与展开缸高、宽同样大小的滤纸,一端浸入展开剂中,密闭一定时间,使溶剂蒸气达到饱和后再展开。

2. 展开方法

点好样的薄层板放入展开缸中,展开剂的深度为距原点 5 mm 为宜,密闭。除另有规定外,一般上行展开 8~15 cm,高效薄层板上行展开 5~8 cm。溶剂前沿达到规定的展距,取出薄层板,晾干,待检测。

四、显色与检视

1. 对有色物质

有色物质可直接在可见光下检视。

2. 对无色物质

(1)一般的无色物质可用喷雾法或浸渍法以适宜的显色剂显色(加热显色)后在可见光下检视。图 3-24(a)为薄层色谱法常用的喷雾器。

(2)有荧光的物质或显色后可激发产生荧光的物质可在紫外光灯(365 nm 或 254 nm)下观察荧光斑点。图 3-24(b)为薄层色谱法常用的紫外光分析仪。

(3)在紫外光下有吸收的物质可用带有荧光剂的硅胶板(如硅胶 GF_{254})在紫外光灯(254 nm)下观察板面上的荧光物质因淬灭而形成的斑点。

（a）薄层色谱法常用的喷雾器　　　　　　（b）薄层色谱法常用的紫外光分析仪

图 3-24　薄层色谱法常用的仪器

五、记录

薄层色谱图像一般可采用摄像设备拍摄，以光学照片或电子图像的形式保存，也可用薄层色谱扫描仪扫描或其他适宜的方式记录相应的色谱图。

任务四　薄层色谱法在药物分析中的应用

由于薄层色谱法具有设备简单、分析快速、易于推广等优点，现已被广泛应用于各种有机化合物和无机化合物的分离鉴定，特别是在医药卫生领域。在药物分析中，薄层色谱法被各版《药典》广泛收载，主要用于药物的鉴别、杂质限量检查与杂质检查等方面。

一、药物的鉴别

1. 方法一

取相同浓度的对照品溶液与供试品溶液，在同一薄层板上点样、展开与检视，供试品溶液所显主斑点的颜色（或荧光）和位置应与对照品溶液的主斑点一致。而且主斑点的大小与颜色深浅也应大致相同。

2. 方法二

供试品溶液与对照品溶液等体积混合，应显示单一、紧密的斑点。

例 5　中药"制何首乌"的鉴别。

取本品粉末 1 g，加乙醚 15 mL，浸泡过夜，过滤，滤液挥发干净，残渣加无水乙醇 1 mL 溶解，作为供试品溶液。另取伸筋草对照药材 1 g，同法制成对照药材溶液。照薄层色谱法（2015 年版《药典》通则 0502），取上述两种溶液各 5 μL，分别点于同一硅胶 G 薄层板上，以三氯甲烷-甲醇（体积比为 40∶1）为展开剂，展开，取出，晾干，喷以质量分数为 5% 的硫酸乙醇溶液，在 105 ℃下加热至斑点显色清晰。供试品色谱中，在与对照药材色谱相应的位置上显相同颜色的荧光斑点。

二、杂质限量检查与杂质检查

1. 杂质限量检查

按各品种项下规定的方法,制备供试品溶液和对照品溶液,并按规定的色谱条件点样、展开和检视。

方法一:供试品溶液色谱图中待检查的斑点与相应的对照品溶液的斑点比较,颜色(或荧光)不得更深。

方法二:照薄层色谱扫描法操作,测定峰面积值,供试品色谱图中相应斑点的峰面积值不得大于对照品溶液的峰面积值。

2. 杂质检查

可采用杂质对照品法、供试品溶液的自身稀释对照法,或两法并用。通常应规定杂质的斑点数和单一杂质限量,当采用系列自身稀释对照品溶液时,也可规定估计的杂质总量。

方法一:供试品溶液除主斑点外的其他斑点应与相应的杂质对照品溶液或系列浓度杂质对照品溶液的相应主斑点比较,颜色不得更深。

方法二:供试品溶液除主斑点外的其他斑点与供试品溶液的自身稀释对照品溶液或系列浓度自身稀释对照品溶液的相应主斑点比较,颜色不得更深。

例6 咖啡因中有关物质的检查。

取本品,加三氯甲烷-甲醇(体积比为 3∶2)溶解制成每 1 mL 中约含 20 mg 的溶液,作为供试品溶液;精密量取适量,加上述溶剂定量稀释成每 1 mL 中约含 0.10 mg 的溶液为对照品溶液。照薄层色谱法(2015 年版《药典》通则 0502)试验,吸取上述两种溶液各 10 μL,分别点于同一硅胶 GF_{254} 薄层板上,以正丁醇-丙酮-三氯甲烷-浓氨溶液(体积比为 40∶30∶30∶10)为展开剂,展开,取出,晾干,在紫外灯(254 nm)下检视。供试品溶液如果显杂质斑点,则与对照品溶液的主斑点比较,颜色不得更深。

▶▶▶ 课堂互动

《药典》主要用薄层色谱法对药物做什么分析?

任务五 头孢克洛的鉴别(实训)

一、实训目的

通过头孢克洛的鉴别,了解薄层板的制备、点样操作以及用薄层色谱法进行鉴别的方法。

二、实训依据

2015 年版《药典》对头孢克洛的薄层色谱法鉴别规定:取头孢克洛适量,加水溶解并制成每 1 mL 中约含 2 mg 的溶液,过滤,取滤液作为供试品溶液;另取头孢克洛对照品适量,加水制成每 1 mL 中约含 2 mg 的溶液,作为对照品溶液;再取对照品和供试品适量,加水制成每 1 mL 中各含 2 mg 的溶液,作为混合溶液。照薄层色谱法(2015 年版《药典》通则 0502),吸取上述 3 种溶液各 2 μL,分别点于同一硅胶 H 薄层板[取硅胶 H 2.5 g,加质量分数为 0.1% 的羧甲基纤维素钠溶液 8 mL,研磨均匀后铺板(10 cm×20 cm),于 105 ℃ 下活化 1 h,放入干燥器中备用]上,以新鲜配制的 0.1 mol/L 枸橼酸溶液-0.1 mol/L 磷酸氢二钠溶液-6.6%(质量分数)茚三酮的丙酮溶液(体积比为 60∶40∶1.5)为展开剂,展开,晾干,于 110 ℃ 下加热 15 min 后检视。供试品溶液所显主斑点的颜色和位置应与对照品溶液主斑点的颜色和位置相同,混合溶液应显一个斑点。

三、操作步骤

1. 硅胶浆的制备和薄层板的铺制练习

(1)目的:硅胶浆的制备练习,薄层板的制作练习。

(2)要求:制作一张厚度适宜、厚薄均匀的薄层板。

(3)活动的准备:研钵、量筒、大小合适的玻璃板、硅胶粉、黏合剂、水。

(4)活动的开展:分小组完成。

2. 点样练习

(1)目的:练习点样的手法。

(2)要求:点样原点直径控制在 2~4 mm。

(3)活动的准备:薄层板(可用滤纸代替)、玻璃点样毛细管、水或溶液。

(4)活动的开展:分小组完成。

3. 检视练习

(1)目的:根据展开后的薄层色谱图,观察主斑点的颜色和位置,完成物质的鉴别。

(2)要求:按照头孢克洛薄层色谱法鉴别的质量标准进行。

(3)活动的准备:展开缸、配置展开剂的试样、烘箱、评价标准。

(4)活动的开展:分小组进行,并对薄层色谱图进行结果评价。

四、思考题

(1)根据展开的色谱图,如何计算主斑点的 R_f?

(2)在实训练习过程中,点样应注意的事项有哪些?

目 标 检 验

一、填一填

1. 点样基线距底边_____,展开距离一般至_____。圆点状直径一般不大于

_____,高效薄层板一般不大于_____。

2. 薄层点样可用专用半自动或自动点样器喷雾法点样。点间距离可视斑点扩散情况以_____互不干扰为宜,一般不少于 8 mm。

3. 薄层色谱法被各版《药典》广泛收载,主要用于药物的_____、_____等方面。

4. 市售薄层板及聚酰胺薄膜在使用前一般应在_____下活化_____min。

5. 自制薄层板除另有规定外,将_____份固定相和_____份水在研钵中_____研磨混合,去除表面的气泡。

二、选一选

1. 薄层色谱法中,下列为比移植适宜数值的是( )。

    A. 0.9   B. 0.6   C. 1.0   D. 1.5

2. 薄层色谱法中,如果样点为圆点,则下面样点直径适宜的数值为( )。

    A. 3 mm   B. 5 mm   C. 8 mm   D. 7 mm

3. 制备薄层板时,用羧甲基纤维素钠水溶液调成糊状,均匀涂布于玻璃板上。羧甲基纤维素钠水溶液的质量分数可为( )。

    A. 0.2%～0.5%   B. 1.2%～1.5%

    C. 0.7%～0.8%   D. 1.0%～1.2%

4. 薄层色谱法不需要的仪器与装置有( )。

    A. 薄层板   B. 点样器   C. 展开容器   D. 检测器

三、想一想

1. 以吸附薄层色谱法为例,说一说薄层色谱法的原理。

2. 点样时,样点应点在薄层板的什么位置? 原点是什么形状的? 原点的大小是多少?

四、算一算

若物质 A 在薄层板上的展距为 7.6 cm,点样原点至溶剂前沿的距离为 16.2 cm。

(1) 求物质 A 的 R_f。

(2) 在相同的薄层色谱展开系统中,若原点至溶剂前沿的距离为 13.5 cm,物质 A 应出现在此薄层板的何处?

知识拓展:薄层色谱法的显色方法

薄层色谱法的显色方法主要有以下几种:

1. 光学检出法

(1) 自然光(400～800 nm)检出。

(2) 紫外光(254 nm 或 365 nm)检出。

(3) 荧光检出:一些化合物吸收了较短波长的光,在瞬间可发射出比照射光波长更长的光,从而在薄层板上显出不同颜色的荧光斑点(灵敏度高、专属性高)。

2. 碘蒸气显色法

多数有机化合物吸附碘蒸气后显示不同程度的黄褐色斑点,这种反应有可逆及不可逆两种情况。前者在离开碘蒸气后,黄褐色斑点逐渐消退,并且不会改变化合物的性质,灵敏度也很高,故是定位时常用的方法;后者由于化合物被碘蒸气氧化、脱氢增强了共轭体系,因此在紫外光下可以发出强烈且稳定的荧光,从而有利于定性分析及定量分析,但在制备薄层板时要注意被分离的化合物是否改变了原来的性质。

3. 物理显色法

用紫外光照射分离后的薄层板可使化合物产生光加成、光分解、光氧化还原及光异构等光化学反应,从而导致物质结构发生某些变化,如形成荧光发射功能团,发生荧光增强或淬灭,以及荧光物质的激发或发射波长发生移动等现象,从而提高分析的灵敏度和选择性。

4. 试剂显色法

试剂显色法是应用广泛的定位方法。通常用的显色剂有硫酸溶液(硫酸、水溶液或硫酸、乙醇溶液,其各自的比例均为 $1:1$)、质量分数 0.5% 的碘的氯仿溶液、中性质量分数 0.05% 的高锰酸钾溶液、碱性高锰酸钾溶液等。显色方法:(1)喷雾显色。显色剂溶液以气溶胶的形式均匀地喷洒在薄层板上。(2)浸渍显色。挥发掉展开剂的薄层板,垂直地插入盛有显色剂的浸渍槽中,设定好在显色剂中浸渍的时间。

模块四　电化学分析技术

项目一　直接电位法

学习目标

知识目标
ZHISHIMUBIAO

1. 了解电位法的基本知识。
2. 熟悉直接电位法测定 pH。
3. 掌握指示电极与参比电极的定义及分类。
4. 掌握 pH 计的使用及注意事项。

技能目标
JINENGMUBIAO

1. 能熟练应用酸度计测定溶液的 pH。
2. 会填写相应的记录,发放检验报告。

任务一　阿莫西林的酸度测定

一、阿莫西林的酸度测定方法(《药典》描述)

取本品,加水制成每 1 mL 中含 2 mg 的混悬液,依法测定(2015 年版《药典》通则 0631),pH 应为 3.5～5.5。

二、操作步骤

用酸度计测量溶液的 pH。

(1) 接通电源,预热 30 min。

(2) 将"功能选择"开关调至 pH 挡。

(3) 调节与校正仪器的零点。

（4）调节"温度"旋钮，使旋钮白线指向对应的溶液温度值。

（5）用 pH 为 4.01 和 pH 为 6.86 的标准缓冲溶液定位，定位完成后，再用 pH 为 6.86 的标准缓冲溶液核对仪器示值是否显示 6.86，误差应不大于±0.02 个 pH 单位。否则，应重新校正。

（6）测量待测溶液的 pH。取出电极，用水清洗，并用滤纸吸干，插入供试品溶液中，轻微摆动溶液，使读数稳定，显示屏显示出供试品溶液的 pH。重复测定 3 次，求其平均值。

（7）关机。取出电极，关闭电源。冲洗电极，将玻璃电极浸泡在水中，将甘汞电极的加液口塞住，下端套上套子，以备下次使用。

（8）填写仪器使用记录。

任务二　电化学分析基本知识

一、电位法基本知识

电位法是将合适的指示电极与参比电极插入被测溶液中组成电化学电池，通过测量原电池的电动势或指示电极电位的变化来确定物质含量的分析方法。

1. 电极电位

金属浸于电解质溶液中，显示出电的效应，即金属的表面与溶液间产生电位差，这种电位差称为金属在此溶液中的电位或电极电位。

2. 原电池

将化学能转变为电能的装置称为原电池，其结构如图 4-1 所示。原电池由两个电极组成，分别称为指示电极和参比电极，如图 4-2 所示。

图 4-1　原电池示意图

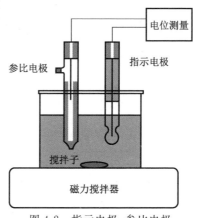

图 4-2　指示电极、参比电极

（1）指示电极：电极电位随待测离子浓度的变化而变化的电极。

（2）参比电极：电极电位不受待测溶液组成变化的影响，其电位值基本固定不变的电极。

3. 电动势

原电池的电动势是两个电极的电位差，即 $EMF = E(+) - E(-)$。

二、认识电极

1. 参比电极

由于电极电位的绝对值无法准确测定，就需要一个稳定、统一的标准。参比电极是提供电位标准的电极。

（1）参比电极的基本要求。

① 电极电位稳定，可逆性好。

② 重现性好。

③ 制作简单。

④ 使用方便，寿命长。

（2）常用的参比电极的分类。

① 甘汞电极。

甘汞电极由金属汞、甘汞（Hg_2Cl_2）和氯化钾（KCl）溶液组成，其结构如图 4-3 所示。甘汞电极有两个玻璃套管，内套管中封接一根铂丝，铂丝插入汞液下 $0.5 \sim 1.0$ cm，下置一层甘汞和汞的糊状物，外套管中装入 KCl 溶液。电极下端与待测溶液接触部分是熔结陶瓷芯或玻璃砂芯等多孔物质。

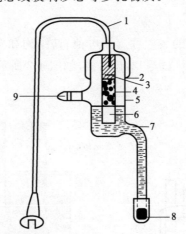

图 4-3　甘汞电极结构示意图

1—电极引线；2—玻璃管；3—汞；4—甘汞糊（Hg_2Cl_2 和 Hg 研成的糊）；5—玻璃外套；

6—石棉或纸浆；7—饱和 KCl 溶液；8—素烧瓷；9—小橡皮塞

甘汞电极的组成可表示为：

$$Hg,Hg_2Cl_2|KCl\,溶液$$

电极反应为：

$$Hg_2Cl_2+2e^-\rightleftharpoons 2Hg+2Cl^-$$

电极电位为：

$$E_{Hg_2Cl_2/Hg}=E^{\ominus}_{Hg_2Cl_2}-0.059\lg[Cl^-]\qquad(25\ ℃)\qquad(4\text{-}1)$$

由此可见，甘汞电极的电位取决于 KCl 溶液的浓度。在 25 ℃时，不同浓度 KCl 溶液的甘汞电极电位如表 4-1 所示。

表 4-1　不同浓度 KCl 溶液的甘汞电极电位

KCl 溶液的浓度/(mol·L^{-1})	电极电位 E/V
0.1	0.336 5
1	0.282 8
饱　和	0.243 8

由于饱和甘汞电极结构简单、制作容易、使用方便、电位稳定，故最为常用。

使用甘汞电极时应注意的事项：

a. 因为甘汞电极在高温时容易发生歧化反应，所以使用温度不得超过 80 ℃。

b. 甘汞电极不宜用在强酸、强碱性介质中。

c. 使用前应取下电极下端及上侧加液口的胶帽，使用后应及时戴上。

d. 饱和甘汞电极内的溶液必须是氯化钾饱和溶液，因此在溶液内应存有少量 KCl 晶体。

e. 电极内部溶液太少时应及时补充，其液面应始终高于供试品溶液液面，以减少误差。

② 银-氯化银电极。

银-氯化银电极由涂镀氯化银的银丝插入一定浓度的氯化钾溶液中组成，其结构示意图如图 4-4 所示。

银-氯化银电极可表示为：

$$Ag,AgCl|KCl\,溶液$$

电极反应为：

$$Ag+e\rightleftharpoons Ag+Cl^-$$

电极电位为：

$$E_{AgCl/Ag}=E^{\ominus}_{AgCl/Ag}-0.059\lg[Cl^-]\qquad(25\ ℃)\qquad(4\text{-}2)$$

同样，银-氯化银电极的电位取决于 KCl 溶液的浓度。在 25 ℃时，不同浓度 KCl 溶液的银-氯化银电极电位如表 4-2 所示。

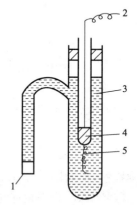

图 4-4　银-氯化银电极
结构示意图

1—多孔物质；2—导线；

3—KCl 溶液；4—Hg；

5—镀 AgCl 的 Ag 丝

表 4-2　不同浓度 KCl 溶液的银-氯化银电极电位

KCl 溶液的浓度/(mol·L^{-1})	电极电位 E/V
0.1	0.288 0
1	0.222 3
饱　和	0.200 0

2. 指示电极

(1) 指示电极的基本要求。

① 电极电位随被测离子浓度的变化而变化。

② 响应速度快、重现性好。

③ 结构简单、便于使用。

(2) 常用的指示电极的分类。

指示电标可分为金属电极和膜电极,其中金属电极包括:第一类电极(金属与在溶液里同种离子构成的电极)、第二类电极(金属及其难溶盐电极)及第三类电极(惰性金属构成的电极)。

① 金属电极。

a. 第一类电极。

第一类电极是以金属为基体,基于电子转移反应的一类电极。因只有一个相界面,故称第一类电极。其由能够发生可逆氧化还原反应的金属插在该金属离子的溶液中组成,简称金属电极。如将金属铜插入 Cu^{2+} 溶液中组成 Cu 电极:$Cu|Cu^{2+}$。

b. 第二类电极。

第二类电极由表面涂有同一种金属难溶盐的金属插入该难溶盐的阴离子溶液中构成。这类电极有两个相界面,故称为第二类电极。如将表面涂有 AgCl 的银丝插入含 Cl^- 的溶液中组成 Ag-AgCl 电极:$Ag|AgCl|Cl^-$。

c. 第三类电极。

第三类电极由惰性金属(铂或金)插入含有某氧化型和还原型电对的溶液中组成,又称氧化还原电极或零电极。如将铂丝插入含有 Ce^{4+} 和 Ce^{2+} 溶液中组成 Ce^{4+}/Ce^{2+} 电对的铂电极:$Pt|Ce^{4+}/Ce^{2+}$。

② 膜电极。

以固体膜或液体膜为传感器,能选择性地对溶液中某特定离子产生响应的电极统称为膜电极,又称离子选择电极。膜电极是电位法中用得最多的一种指示电极,各种离子选择性电极和测量溶液 pH 的玻璃电极均属膜电极。

玻璃电极是电位法测定溶液 pH 最常用的指示电极。它是由特殊玻璃材料制成的,把这种玻璃连接在厚壁硬质玻璃管的一端,吹制成直径约为 0.1 mm 的玻璃球,其内用 pH 一定的缓冲液[一般采用 HCl (0.1 mol/L)]作为内参比溶液,在溶液中插入一支银-氯化银电极作为内参比电极,其结构如图 4-5 所示。

由于玻璃电极的材质不同,测定 pH 的范围也不同。常用的国产 221 型玻璃电极(含有 Na_2O 的钠玻璃)的可测 pH 范围为 1~9,若溶液的 pH 过大,测定的结果就会偏低,产生碱误差。含有 Li_2O 的锂玻璃的可测 pH 范围为 1~14,但使用寿命不如含有 Na_2O 的钠玻璃电极。玻璃电极的内阻很高,电流极其微小,因此导线和电极引出线都需要高度绝缘,并装有绝缘套,以防漏电和静电干扰。

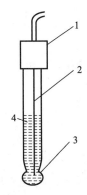

图 4-5 玻璃电极的结构示意图
1. 绝缘套;2. 镀氯化银的银丝;
3. 玻璃膜;4. 饱和氯化钾溶液

从理论上讲,当玻璃膜内外溶液的 pH 相同时,膜电位应该为零,但实际上往往有 1~30 mV 的电位差,称为不对称电位。其原因可能是制造时玻璃膜两侧的表面张力不均匀,或者玻璃受机械或化学侵蚀,以及表面被吸附物质沾污等。玻璃电极在刚浸入溶液中时,不对称电位往往较大,但随着浸泡时间的延长会逐渐减小,并达到恒定。

玻璃电极使用注意事项:

a. 根据待测溶液的 pH 选择不同型号的玻璃电极。

b. 玻璃电极在使用前必须在纯化水中浸泡 24 h 以上。

c. 玻璃电极不能用硫酸或乙醇洗涤,待测溶液中不能含有氟化物,以免腐蚀玻璃。

d. 由于玻璃电极非常薄,使用时要特别小心,防止由于操作不慎而破裂。

▶▶ 课堂互动

请说一说如何保养玻璃电极。

任务三 直接电位法测定溶液的 pH

一、测量的原理

直接电位法测定溶液的 pH 时常常以玻璃电极作指示电极,饱和甘汞电极作参比电极,浸入待测供试品溶液中组成原电池。

电池可表示为:

(-)玻璃电极|待测供试品溶液|甘汞电极(+)

电池的电动势为:

$$E = E_{甘汞} - E_{玻璃}$$

(4-3)

实验证实，$E_{玻璃}=K_{玻璃}-0.059\text{pH}$，代入上式得：

$$E=E_{甘汞}-K_{玻璃}+0.059\text{pH} \tag{4-4}$$

饱和甘汞电极的电位很稳定，$E_{甘汞}$ 和 $K_{玻璃}$ 均为常数，因此可以合并为常数 K，得：

$$E=K+0.059\text{pH} \tag{4-5}$$

由此可求得溶液的 pH。

二、测定

由于 $K_{玻璃}$ 是一个不确定的常数，所以在实际测定中不能通过测定 E 直接求出 pH，而是通过二次测量法测定溶液的 pH。

先测定标准缓冲溶液 S 的 pH，记为 pHs，其电动势为：

$$E_s=K+0.059\text{pHs} \tag{4-6}$$

再测定待测供试品溶液 X 的 pH，记为 pHx，其电动势为：

$$E_x=K+0.059\text{pHx} \tag{4-7}$$

两式相减得：

$$E_x-E_s=0.059(\text{pHx}-\text{pHs}) \tag{4-8}$$

即可求出待测溶液的 pHx：

$$\text{pHx}=\text{pHs}+(E_x-E_s)/0.059 \tag{4-9}$$

由于酸度计的刻度为 pH，采用二次测定法即可直接测出溶液的 pH，不必测定电动势后再计算。

三、标准缓冲溶液

《药典》中进行仪器校正用的标准缓冲溶液有以下 5 种。

1. 草酸盐标准缓冲溶液

精密称取在 54 ℃±3 ℃下干燥 4～5 h 的草酸三氢钾 12.71 g，加水溶解并稀释至 1 000 mL。

2. 苯二甲酸盐标准缓冲溶液

精密称取在 115 ℃±5 ℃下干燥 2～3 h 的邻苯二甲酸氢钾 10.21 g，加水溶解并稀释至 1 000 mL。

3. 磷酸盐标准缓冲溶液

精密称取在 115 ℃±5 ℃下干燥 2～3 h 的无水磷酸氢二钠 3.55 g 与磷酸二氢钾 3.40 g，加水溶解并稀释至 1 000 mL。

4. 硼砂标准缓冲溶液

精密称取硼砂 3.81 g（注意避免风化），加水溶解并稀释至 1 000 mL，置于聚乙烯塑料瓶中，密塞，避免空气中二氧化碳进入。

5. 氢氧化钙标准缓冲溶液

25 ℃下,用无二氧化碳的水和过量氢氧化钙经充分振摇制成饱和溶液,取上清液使用。因本缓冲溶液是 25 ℃时的氢氧化钙饱和溶液,所以临用前需核对溶液的温度是否在 25 ℃,否则需调温至 25 ℃,再经溶解平衡后方可取上清液使用。存放时应防止空气中二氧化碳进入,一旦出现浑浊,应弃去重配。

上述标准缓冲溶液必须用 pH 基准试剂配制。不同温度下各种标准缓冲溶液的 pH 如表 4-3 所示。

表 4-3 不同温度下各种标准缓冲溶液的 pH

温度 / ℃	草酸盐 标准缓冲溶液	苯二甲酸盐 标准缓冲溶液	磷酸盐 标准缓冲溶液	硼砂 标准缓冲溶液	氢氧化钙 标准缓冲溶液 (25 ℃饱和溶液)
0	1.67	4.01	6.98	9.46	13.43
5	1.67	4.00	6.95	9.40	13.21
10	1.67	4.00	6.92	9.33	13.00
15	1.67	4.00	6.90	9.27	12.81
20	1.68	4.00	6.88	9.22	12.63
25	1.68	4.01	6.86	9.18	12.45
30	1.68	4.01	6.85	9.14	12.30
35	1.69	4.02	6.84	9.10	12.14
40	1.69	4.04	6.84	9.06	11.98
45	1.70	4.05	6.83	9.04	11.84
50	1.71	4.06	6.83	9.01	11.71
55	1.72	4.08	6.83	8.99	11.54
60	1.72	4.09	6.84	8.96	11.45

任务四 酸度计

一、酸度计基本知识

酸度计是专门测量溶液 pH 或测量电池电动势的仪器,主要用来精密测量液体介质的酸碱度值。为了方便起见,在酸度计读数标尺上直接标示 pH,由酸度计的内部装置将电池输出的电动势直接转换成 pH 读数。目前实验室常用的酸度计有 pHS-25 型、pHS-2C 型、pHS-3C 型及 pHS-3WB 型等。酸度计的面板如图4-6所示。

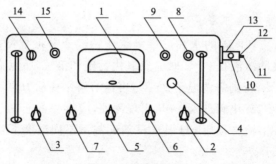

图 4-6　酸度计面板

1—指示电极；2—零点调节器；3—定位调节器；4—读数开关；5—pH-mV 开关；

6—量程选择开关；7—温度补偿器；8—玻璃电极插孔；9—参比电极接线柱；10—大电极夹；

11—小电极夹；12—固定螺丝；13—螺丝(固定电极夹)；14—电源开关；15—指示灯

仪器精密度不同，自动化程度不同，但原理一样，均在 pH 为 0～14 的范围内使用。用酸度计测定溶液的 pH 不受溶液中氧化剂、还原剂或其他活性物质、有色物质、胶体溶液或浑浊等因素影响，故被广泛使用。

二、酸度计的使用注意事项

目前使用的酸度计有多种型号，在操作中会有所不同，应严格按照仪器使用说明书操作，并注意以下事项：

（1）玻璃电极的敏感膜非常薄，容易破碎、滑落，因此使用时应该注意不要与硬物碰撞，电极上所黏附的水分只能用滤纸轻轻吸干，不得擦拭。安装时，甘汞电极下部应低于玻璃电极的球泡。

（2）玻璃电极在使用前应在纯化水中活化 24 h。不能用于含有氟离子的溶液的测定。

（3）配制标准缓冲溶液与溶解供试品的水应是新沸腾后放冷的纯化水，其 pH 应为 5.5～7.0。

（4）标准缓冲溶液一般可保存 2～3 个月，但发现有浑浊、发霉或沉淀等现象时，不能继续使用。

（5）玻璃电极经长期使用后会逐渐降低甚至失去氢电极的功能，称为"老化"，当电极响应斜率低于 52 mV/pH 时，就不宜再使用。

三、pHS-3WB 型酸度计的使用方法

1. 操作步骤

（1）开机。

按"ON"键。

（2）设定温度值。

① 按"℃"键，进入温度设置状态。

② 按"＜"或"＞"键,将数值设置为待测溶液的温度值。

③ 按"pH"键,确认设定的温度值并进入 pH 测量状态。

(3) 用 pH＝6.86 及 pH＝4.01 的标准缓冲溶液校准仪器。

① 设置温度数值。

② 按"CAL"键,仪器进入校准状态。如果屏幕出现"CAL7—9",按"＜"键转换。

③ 将电极在纯化水中清洗一下,用滤纸吸干水珠,置于 pH＝6.86 的溶液中。

④ 按"CAL"键,仪器开始自动校准。

⑤ 等待 15 s,屏幕出现设定温度值下 pH＝6.86 的数值。按"CAL"键,仪器提示需要使用的下一个溶液(pH＝4.01)。

⑥ 将电极在纯化水中清洗一下,用滤纸吸干水珠,置于 pH＝4.01 的溶液中。

⑦ 等待 10 s 左右,屏幕出现设定温度值下 pH＝4.01 的数值。按"CAL"键,确认数据,校准完毕。

(4) 测量溶液的 pH。

① 设置温度数值。

② 用纯化水清洗复合电极并用洁净的滤纸吸干电极上的水珠。

③ 将电极置于待测溶液中,稍作晃动,约 5 s 后数据趋于稳定,测量完毕。

2. 维护与保养

(1) 酸度计应放置在干燥、无振动、无酸碱腐蚀性气体、温度稳定(一般为 5～45 ℃)的地方。

(2) 仪器使用时,各调节旋钮的旋动不可用力过猛,按键开关不要频繁按动,以防发生机械故障或破损。温度补偿器切不可旋转超位,以免损坏电位器或使温度补偿不准确。

(3) 仪器通电后应预热十几分钟;若长时间工作,最好预热 1 h 以上,以使零点有较好的稳定性。长时间不用的仪器重新使用时,预热时间要长一些;平时不用时,最好每隔 1～2 周通电一次,每隔一年应对仪器性能进行一次全面检查。

3. 使用注意事项

(1) 仪器使用前必须熟悉仪器说明书,严格按照说明书的要求进行操作。

(2) "定位"应选择与被测液 pH 相近的标准缓冲溶液进行,两者温度应尽量一致。

(3) 电极应夹持牢固,以防止损坏电极。

(4) 仪器使用完毕后应关闭电源,擦净仪器,放置干燥剂,罩好仪器罩或放入仪器箱内。

任务五　头孢克洛酸度的测定(实训)

一、实训目的

(1) 掌握 pH 计测定溶液 pH 的方法。

(2) 掌握 pH 计测定溶液 pH 的原理。

二、实训依据

取本品,加水制成每 1 mL 中含 25 mg 的混悬液,依法测定(2015 年版《药典》通则 0631),pH 应为 3.0~4.5。

三、仪器与试剂

仪器:pHS-3WB 型 pH 计、复合电极 1 支、小烧杯 3 只。

试剂:pH=6.86 和 pH=4.01 的标准缓冲溶液、头孢克洛原料。

四、实验步骤

1. 开机

按"ON"键。

2. 设定温度值

(1) 按"℃"键,进入温度设置状态。

(2) 按"<"或">"键,将数值设置为待测溶液的温度值。

(3) 按"pH"键,确认设定的温度值并进入 pH 测量状态。

3. 用 pH=6.86 和 pH=4.01 的标准缓冲溶液校准仪器

(1) 按"CAL"键,仪器进入校准状态。如果屏幕出现"CAL7—9",按"<"键转换。

(2) 将电极在纯化水中清洗一下,用滤纸吸干水珠,置于 pH=6.86 的溶液中。

(3) 按"CAL"键,仪器开始自动校准。

(4) 等待 15 s,屏幕出现设定温度值下 pH=6.86 的数值。按"CAL"键,仪器提示需要使用的下一个溶液(pH=4.01)。

(5) 将电极在纯化水中清洗一下,用滤纸吸干水珠,置于 pH=4.01 的溶液中。

(6) 等待 10 s 左右,屏幕出现设定温度值下 pH=4.01 的数值。按"CAL"键,确认数据,校准完毕。

4. 测量溶液的 pH

(1) 用纯化水清洗复合电极并用洁净的滤纸吸干电极上的水珠。

(2) 将电极置于待测溶液中,稍作晃动,约 5 s 后数据趋于稳定,测量,记录结果。测量 3 次,求平均值。

五、实验结果

$pH_1 =$ $pH_2 =$ $pH_3 =$

六、注意事项

（1）仪器使用时，各调节旋钮的旋动不可用力过猛，按键开关不要频繁按动，以防发生机械故障或破损。温度补偿器切不可旋转超位，以免损坏电位器或使温度补偿不准确。

（2）电极应夹持牢固，以防损坏电极。

（3）使用前检查玻璃电极前端的球泡。正常情况下，球泡内要充满溶液，不能有气泡存在。

（4）清洗电极后，不能用滤纸擦拭玻璃膜，而应用滤纸吸干，避免损坏玻璃薄膜，防止交叉污染及影响测量精度。

知识拓展：pH 的来历和世界上第一支酸度计

"pH"是由丹麦化学家彼得·索伦森在 1909 年提出的。索伦森当时在一家啤酒厂工作，经常要化验啤酒中所含氢离子的浓度，每次化验结果都要记录许多个零，这使他感到很麻烦。经过长期潜心研究，他发现用氢离子的负对数来表示氢离子的浓度非常方便，并把它称为溶液的 pH，就这样 pH 成为表述溶液酸碱度的一种重要数据。而世界上第一支 pH 计（酸度计）直到 1934 年才由 Arnold Beckman 制造出来。

项目二 电位滴定法

知识目标
ZHISHIMUBIAO

1. 掌握电位滴定法的原理、测定方法。

2. 掌握电位滴定仪的标准操作规程。

技能目标
JINENGMUBIAO

1. 学会使用电位滴定仪。

2. 了解常用电位滴定仪的基本维护及使用注意事项。

任务一 维生素 B₁ 的含量测定

一、维生素 B₁ 的含量测定方法

取本品约 0.12 g,精密称定,加冰醋酸 20 mL,微热使其溶解,放置冷却,加醋酐 30 mL,照电位滴定法(2015 年版《药典》通则 0701),用高氯酸滴定液(0.1 mol/L)滴定,并将滴定结果用空白试验校正。每 1 mL 高氯酸滴定液(0.1 mol/L)相当于 16.86 mg 维生素 B₁。

二、维生素 B₁ 的含量计算

维生素 B₁ 的含量计算公式为:

$$w(维生素\ B_1) = \frac{TVF}{m_s \times 10^3} \times 100\% \tag{4-10}$$

式中: T——滴定度,每 1 mL 滴定液(规定浓度)相当于待测组分的克数,单位为 g/mL;

F——浓度校正因子,F=实际浓度/规定浓度;

V——供试品消耗滴定液(实际浓度)的体积,单位为 mL;

m_s——供试品的质量,单位为 g。

任务二 电位滴定法基本知识

一、电位滴定法的基本原理

电位滴定法是利用滴定过程中指示电极电位的突跃来确定滴定终点的一种电化学滴定分析法。电位滴定法和普通滴定法的区别仅在于终点指示的方法不同。进行电位滴定时,在滴定液中插入指示电极和参比电极,组成一个原电池。随着滴定液的加入,由于滴定液与被测物质发生化学反应,被测物质的浓度不断变化,指示电极的电位也相应发生变化。在化学计量点附近,被测物质浓度发生突跃而使指示电极的电位突跃。因此,测量电池电动势的变化就能确定滴定终点。电位滴定法的基本仪器装置如图 4-7 所示。

电位滴定法的优点是终点客观、准确度高。使用自动电位滴定仪,在滴定过程中还可以自动

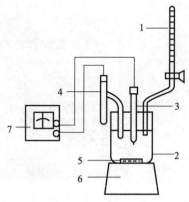

图 4-7 电位滴定法的基本仪器装置图

1—滴定管;2—滴定池;3—指示电极;
4—参比电极;5—搅拌转子;
6—电磁搅拌器;7—电位滴定仪

绘出滴定曲线,自动找出滴定终点,自动给出体积,滴定快捷、简便。

电位滴定法与指示剂滴定法相比,有下列特点:

(1)准确度高。电位滴定判断终点的方法比用指示剂滴定法指示终点更为客观,因而更为准确。

(2)可用于无优良指示剂、浑浊液、有色液的滴定。

(3)可用于连续滴定、自动滴定、微量滴定、非水滴定。

(4)可用于热力学常数的测定,如弱酸、弱碱的离解常数,配合物稳定常数等。

(5)操作麻烦,数据处理费时。

二、确定滴定终点的方法

1. E-V 曲线法

以滴定液体积 V 为横坐标,电极电位或电池电动势 E 为纵坐标作图,曲线的转折点(拐点)即滴定的终点。曲线的拐点:作与横轴成 45°夹角并与曲线相切的两条平行线,两条平行线间的等分线与滴定曲线的交点就是曲线的拐点,如图 4-8 所示。

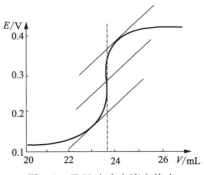

图 4-8　E-V 法确定滴定终点

2. $\Delta E/\Delta V$-$\overline{V}$

用 $\Delta E/\Delta V$(相邻两次的电位差和加入滴定液的体积差之比)对平均体积 $\overline{V}$ 作图,曲线的最高点即滴定的终点,如图 4-9 所示。

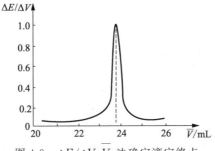

图 4-9　$\Delta E/\Delta V$-$\overline{V}$ 法确定滴定终点

三、电位滴定仪的标准操作规程

1. ZDJ-100 型电位滴定仪

（1）pH 电极斜率校正。

① 取配制好的 0.05 mol/L 邻苯二甲酸氢钾标准缓冲溶液。

② 按"pH"→"5. 系统设定"设定好相应的系统参数。

③ 退出，选择"2. 校正电极斜率"，再选择"标准缓冲液组"开始校正。

④ 将 pH 电极插入第一组缓冲液中，等待数据稳定，按"测量"键可重新测量新数据。

⑤ 数据稳定后，按"确定"键保存数据。

⑥ 按"退出"键完成校正。

（2）操作过程。

① 检查仪器是否按说明书要求已连接好，打开机器电源，连接好电极。

② 滴定管装好滴定液，并固定好。

③ 在开机界面下，按"·"键调整滴定管液面高度。

④ 按"滴定"→"1. 滴定参数设定"进行参数设定。

⑤ 按"滴定"→"2. 启动滴定"选择设定好的方法开始滴定，按要求依次输入滴定管液面高度、样品名称、取样量、批号等信息。

⑥ 滴定完毕，输入并记录滴定终点液面高度的位置。

（3）pH 电极的维护与保养。

pH 复合电极是最常用的电极，其玻璃膜非常脆弱，所以在平常使用中能否合理维护和保养对电极的使用寿命有很大的影响。

① pH 复合电极的外壳一般是玻璃材质或树脂材质的，使用寿命为 1～2 年。在强氧化剂或某些有机溶剂中，一般不能使用树脂材质的，否则外壳会被腐蚀掉。

② 电极使用前一定要在纯化水或微酸性的水中浸泡 30 min 以上，以使电极稳定。

③ 电极前端的玻璃膜非常脆弱，而且是电极测量的关键部位，所以不要碰到它。

④ 长时间不用时，应将电极插入电极保护套中，并放入电极盒避光保存。

2. ZDJ-3D 全自动电位滴定仪

（1）开机准备。

① 安装好滴定仪的各个部分，将复合电极接头插入数据处理器后的复合电极接口，顺时针转动锁紧。银电极插入参比电极接口，将电极固定在滴定台上。

② 接通电源，打开电源开关。

③ 将进液管插入溶剂瓶，出液管插在电极支架上。在滴定台上放置一烧杯，

清洗滴定管 2 次以保证其内充满滴定液,并将多余液体通过出液管导入烧杯。完成后,用纯化水冲洗滴定头及相连的出液管。

④ 清洗滴定管:按"清洗"键进入清洗滴定管选项。"清洗"键用于定量更换滴定管中的液体,按下后按屏幕提示输入清洗次数和清洗液量。

⑤ 系统参数:该参数用于设定系统参数及滴定输出的格式。按"系统"键调出系统参数菜单,设置系统参数。

⑥ 滴定参数:在此项下可设定滴定过程控制、测量值采集滴定自动停止、终点评估、计算公式编辑参数。在等待状态下单击该键可对参数进行修改、输入,双击该键可直接调用与输入序号相对应的参数并进行修改。输入参数后按"确认"键存储并自动转入下页,在等待状态下按"确认"键 3 次后再按"2"键可启动恢复出厂默认值操作。

⑦ 编辑公式:"公式"键用于编辑计算结果的公式。可对当前滴定结果按重新编辑的公式再计算,并可将计算结果输出。计算公式代表滴定方法的特性,与滴定参数共同组成各种滴定方法并存储在方法库中。

⑧ 方法的存储与调用:"方法"键用于对内置方法进行管理,可存储、调用方法。

(2)样品测定。

将盛有样品的烧杯放在滴定台上,搅拌使之溶解,按下"启动"键。按提示输入样品信息,确定后按"启动"键开始滴定。滴定过程中可以通过按"·"键来观察滴定的情况,按一下显示滴定的滴定曲线,再按一下显示本次滴定的一阶导数曲线,按 3 次即可返回当前滴定液消耗量界面。滴定仪停止滴定,按公式计算滴定结果。

(3)仪器整理、填写使用记录。

样品滴定完后,关闭电源,取出电极,用纯化水冲洗电极和出液管。复合电极放入纯化水中。填写仪器使用记录。

(4)维护与使用注意事项。

① 经常检查滴定管滴定头处有无堵塞,以免导致滴定管损坏。

② 避免几种环境的影响:强烈震动、湿度大于 80%、强电或强磁场。

③ 仪器的插座必须保持清洁、干燥,切忌与酸、碱、盐溶液接触,防止受潮,以确保仪器绝缘和高输入阻抗性能。

④ 清理仪器时,要先拔下电源插头。

⑤ 滴定管最好经常用纯化水清洗,特别是会产生沉淀或结晶的滴定剂(例如 $AgNO_3$),使用完毕后应及时清洗,以免破坏阀门。

任务三　盐酸丁卡因的含量测定(实训)

一、实训目的

(1)掌握判断电位指示终点的方法。

（2）熟练掌握称量、溶解、定容、移液管取样等操作。

（3）会熟练使用电位滴定仪。

（4）能及时正确地记录实验数据，并进行计算和结果判断。

二、实训原理

滴定液中插入两个电极，分别是指示电极和参比电极。当达到滴定终点时，溶液中的离子浓度会发生骤变，引起参比电极电位的突变，该突变点为突跃点。电极电位发生突跃时，说明滴定到达终点。用微分曲线比普通滴定曲线更容易确定滴定终点。

如果使用自动电位滴定仪，则在滴定过程中可以自动绘出滴定曲线，自动找出滴定终点，自动给出体积，滴定快捷、方便。

三、仪器与试剂

1. 仪器

电子天平（感量 0.1 mg）、烧杯（100 mL）、量筒、洗瓶、酸式滴定管（50 mL 或 25 mL）、电位滴定仪。

2. 试剂

乙醇（分析纯）、盐酸丁卡因、盐酸、氢氧化钠滴定液（0.1 mol/L）。

四、实训内容

盐酸丁卡因按干燥品计算，盐酸丁卡因（分子式 $C_{15}H_{24}N_2O_2 \cdot HCl$）的含量不得少于 99.0%。

测定法：取本品约 0.25 g，精密称定，加乙醇 50 mL 振摇使其溶解，加 0.01 mol/L 盐酸溶液 5 mL，摇匀，照电位滴定法（《药典》通则 0701），用氢氧化钠滴定液（0.1 mol/L）滴定，两个突跃点体积的差作为滴定体积。每 1 mL 氢氧化钠滴定液（0.1 mol/L）相当于 30.08 mg $C_{15}H_{24}N_2O_2 \cdot HCl$。平行测定 3 次，按下式计算本品含量：

$$w(\text{盐酸丁卡因}) = \frac{T \times F \times (V - V_0)}{m_s \times 1\,000 \times (1 - \text{干燥失量})} \times 100\% \qquad (4\text{-}11)$$

式中：　V——供试品消耗滴定液的体积，单位为 mL；

　　　　V_0——空白溶液消耗滴定液的体积，单位为 mL；

　　　　T——滴定度，单位为 g/mL；

　　　　F——滴定液浓度校正因子；

　　　　m_s——供试品取样量，单位为 g。

计算时注意统一单位。

五、操作说明

（1）装好滴定装置，将电磁阀两头的硅胶管分别用力套到滴定管和滴液管的接头上。将电磁阀插入仪器后部的插孔中,在滴定管中加入标准溶液。

（2）按"快滴"键,调节电磁阀螺丝,使标准溶液流下,赶走滴定管及滴定管接头液路中的全部气泡。按"慢滴"键,同样调节电磁阀螺丝,使慢滴速度为每滴0.02 mL左右。重新加满标准溶液,按"短滴"键,使滴定管中的标准溶液调节到零刻度。

（3）选择开关置"预设"挡,调节预设电位器至使用者所滴溶液的终点电位值,mV 值和 pH 通用。如终点电位为－800 mV,则调节终点电位器使数值显示为－800;若终点电位为 8.5pH,则调节终点电位器使数值显示为 8.50 即可。

预设好终点电位后,选择开关按使用要求置 mV 挡或 pH 挡,此时"预设"电位器就不能再动。

（4）滴定分析时,为了保证滴定精度,即滴定终点不提前或者滞后,同时又不能使滴定一次的时间太长,本仪器设有长滴控制电位器,即在远离终点电位时,滴定管溶液直通被滴液,在接近终点时滴定液改为短滴(每次约 0.02 mL),逐步接近终点,到达终点时(±3 mV 或±0.03pH)停滴,停滴 20 s 后电位不返回即终点指示灯亮,蜂鸣器响。

（5）现代自动电位滴定仪已广泛使用计算机控制,计算机对滴定过程中的数据自动采集、处理,并利用滴定反应化学计量点前后电位突变的特性,自动寻找滴定终点,控制滴定速度,到达终点时自动停止滴定,因此更加方便、快捷。

六、思考题

（1）电位滴定法的基本原理是什么?

（2）判断电位滴定终点的方法有哪些?

项目三　永停滴定法

知识目标
ZHISHIMUBIAO

1. 掌握永停滴定法的原理、测定方法。

2. 掌握永停滴定仪的标准操作规程。

技能目标
JINENGMUBIAO

1. 学会使用永停滴定仪。

2. 掌握永停滴定仪的维护及使用注意事项。

任务一 磺胺嘧啶的含量测定

一、磺胺嘧啶的含量测定方法

取本品适量(约 0.5 g),精密称定,置于烧杯中,除另有规定外,调节变阻器使加在电极上的电压约为 50 mV。加水 40 mL 与盐酸溶液(1→2)15 mL,置电磁搅拌器上,搅拌使其溶解,再加溴化钾 2 g,插入铂-铂电极,将滴定管的尖端插入液面下约 2/3 处,用亚硝酸钠滴定液(0.1 mol/L 或 0.05 mol/L)迅速滴定,边滴边搅拌,至近终点时,将滴定管的尖端提出液面,并用少量水淋洗尖端,洗液并入溶液中,继续缓缓滴定,至电流计指针突然偏转,并不再恢复,即滴定终点。每 1 mL 亚硝酸钠滴定液(0.1 mol/L)相当于 25.03 mg 磺胺嘧啶。

二、磺胺嘧啶的含量计算

1. 计算公式

$$w(磺胺嘧啶) = \frac{TVF}{m_s \times 10^3} \times 100\%$$

(4-12)

式中:　T——滴定度,每 1 mL 滴定液(规定浓度)相当于待测组分的克数,单位为 g/mL;

　　　　F——浓度校正因子,$F =$ 实际浓度/规定浓度;

　　　　V——供试品消耗滴定液(实际浓度)的体积,单位为 mL;

　　　　m_s——供试品的质量,单位为 g。

2. 数据处理

平行操作 2 份,分别计算含量,求出平均值及相对平均偏差。

$$\overline{w} = \frac{w_1 + w_2}{2}$$

(4-13)

$$\overline{Rd} = \frac{|w_1 - w_2|}{w_1 + w_2}$$

(4-14)

▶▶ 课堂互动

如何估算出所称质量需消耗的体积?

任务二 永停滴定法基本知识

一、永停滴定法的基本原理

永停滴定法又称双电流滴定法或双安培滴定法,是电化学分析中一种灵敏而准确的终点指示方法,常用于氧化还原体系。测量时,把两个相同的指示电极插入待滴定的溶液中,在两个电极间加一个恒定的低电压(10～100 mV),连接一个电流计,即可进行滴定。在滴定过程中,由于溶液中可逆电对的生成或消失,使得终点指示回路中的电流迅速增大或减小,从而引起电流计指针突然偏转,以此来指示滴定终点的到达。

永停滴定法装置简单、测定结果准确、使用简便,是药品检验中常用的一种分析方法。

二、确定滴定终点的方法

永停滴定法的装置如图 4-10 所示。在滴定过程中用电磁搅拌器搅拌溶液,仔细观察电流计指针的变化,当指针位置发生突然偏转的这一点即滴定终点。必要时可每加一次滴定液,测量一次电流,以电流为纵坐标,以滴定液体积为横坐标作图,如图 4-11 所示,从图中找出滴定终点。

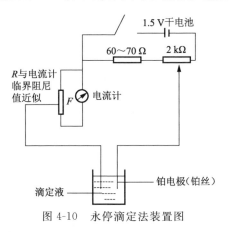

图 4-10　永停滴定法装置图

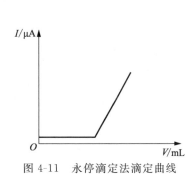

图 4-11　永停滴定法滴定曲线

▶ 课堂互动

永停滴定法如何判断终点?

三、操作步骤

(1) 安装仪器。将仪器放置在固定的工作台上,将立杆装到立杆座内,拧紧固定螺丝,并将电磁阀组合装在立杆上;将滴定管撑杆装在支撑座内,将固定螺丝拧紧,并将滴定管固定在适当位置,然后将电磁阀组合上的三通管向上连接在滴定管嘴上,将玻璃滴嘴连于快慢滴乳胶管的下端;将电极插入电极夹上,并调节至适当高度,放好烧杯并加水 60 mL;将电极插头与电磁阀插头插入滴定仪规定的插孔内,连接好电磁搅拌器和滴定仪的电源线。

(2) 调节仪器。开启电源,将"手动-自动"开关置于手动位置,按"慢滴"开关,黄灯亮,按"快滴"开关,黄灯与绿灯同时亮;开启电磁搅拌器电源,调节转速至合适的位置;将仪器上的"极化电压"开关置于 50 mV 挡,"灵敏度"开关置于 10^{-9} 挡,"门限值"开关置于 0 挡。再将"手动-自动"开关置于自动位置,"门限值"置于 10%

处,黄灯亮,经过 5～8 s 后绿灯亮,然后将"门限值"置于 0 处,黄灯与绿灯都变暗,过 1 min 后,红灯亮并报警停止,说明滴定仪可以正常运转。

将滴定管中装入亚硝酸钠滴定液(0.1 mol/L),打开下端活塞及电磁阀门盖,开启仪器"快滴"开关和"慢滴"开关,使滴定液充满乳胶管,排出管内气泡;盖上电磁阀门盖,调节电磁阀及左右侧螺丝,使快滴变成线状,慢滴为 2 滴/s。

将极化电压灵敏度门限值调整为 60%,将已经清洗好的电极放入烧杯,电极与滴定管尖端相对且相距 2.5 cm。

(3)测定。按"慢滴"开关,调整滴定液位于滴定管零点;将供试品按标准规定配置合适的溶液,置于电磁搅拌器上,搅拌使溶解。插入铂-铂电极,将滴定管的尖端插入液面下约 2/3 处,将"手动-自动"开关置于手动位置,快速滴定,边滴边搅拌,至近终点时,将滴定管的尖端提出液面,并用少量水淋洗,洗液并入溶液中,继续缓缓滴定,至电流计指针突然偏转,并不再恢复,即为滴定终点。

(4)记录。记录到达滴定终点时消耗的滴定液体积。

(5)关闭电源。测定结束后,关闭电源开关,将滴定管中溶液放掉,并用纯化水冲洗乳胶管。将电极取出,清洗后晾干。

(6)填写仪器使用记录。

四、使用注意事项

(1)电极的铂片要与烧杯的圆周方向一致,电极应处于溶液漩涡的下游位置,便于迅速分散均匀。

(2)滴定管的尖端插入液面下约 2/3 处,应避免与电磁搅拌器的搅拌转子相碰。

(3)滴定过程中报警属于正常工作状态,不影响分析,只要将电极旋转 360°方位即可。

任务三 注射用盐酸普鲁卡因的含量测定(实训)

一、实训目的

(1)掌握亚硝酸钠法测定盐酸普鲁卡因的原理和判断永停指示终点的方法。

(2)熟练掌握称量、溶解、定容、移液管取样等操作。

(3)会熟练使用永停滴定仪。

(4)能及时正确地记录实验数据,并进行计算和结果判断。

二、实训原理

本品为盐酸普鲁卡因的无菌粉末,按平均装量计算,所含盐酸普鲁卡因($C_{13}H_{20}N_2O_2 \cdot HCl$)的量应为标示量的 95.0%～105.0%。

盐酸普鲁卡因分子结构中有芳伯氨基,在盐酸酸性条件下可与亚硝酸钠定量反应生成重氮化合物,可采用永停滴定法指示终点。

三、仪器与试剂

1. 仪器

电子天平(感量 0.1 mg)、烧杯(100 mL)、量筒、洗瓶、酸式滴定管(50 mL 或 25 mL)、永停滴定仪。

2. 试剂

溴化钾(分析纯)、注射用盐酸普鲁卡因、亚硝酸钠滴定液(0.1 mol/L)、盐酸溶液(1→2)。

配制与标定亚硝酸钠滴定液(0.1 mol/L)还需无水碳酸钠、对氨基苯磺酸、浓氨试液。

四、实训内容

1. 亚硝酸钠滴定液(0.1 mol/L)的配制与标定

(1) 配制。称取亚硝酸钠 7.2 g,加无水碳酸钠(Na_2CO_3)0.10 g,加适量的水使其溶解并定容至成 1 000 mL,摇匀。

(2) 标定。取在 120 ℃下干燥至恒重的对氨基苯磺酸约 0.5 g,精密称定,加水 30 mL 与浓氨试液 3 mL,溶解后加盐酸(1→2)20 mL,搅拌。在 30 ℃下用本液迅速滴定,至电流计指针持续 1 min 不恢复,即滴定终点。每 1 mL 亚硝酸钠滴定液(0.1 mol/L)相当于 17.32 mg 对氨基苯磺酸,按式(4-15)计算出亚硝酸钠滴定液的浓度:

$$c = \frac{m_s \times 0.1}{0.017\ 32 \times V} \tag{4-15}$$

式中： m_s——对氨基苯磺酸的质量,单位为 g;

V——滴定所耗滴定液的体积,单位为 mL。

2. 注射用盐酸普鲁卡因的含量测定

取装量差异项下的内容物,混合均匀,精密称取适量(约相当于盐酸普鲁卡因 0.6 g),置于烧杯中,加水 40 mL 与盐酸溶液(1→2)15 mL,置于电磁搅拌器上,搅拌使其溶解,再加溴化钾 2 g,搅拌溶解后,插入铂-铂电极,照永停滴定法(2015 年版《药典》通则 0701),在 15～25 ℃下用亚硝酸钠滴定液(0.1 mol/L)滴定,至电流计指针突然偏转并不再恢复,即滴定终点。每 1 mL 亚硝酸钠滴定液(0.1 mol/L)相当于 27.28 mg $C_{13}H_{20}N_2O_2 \cdot HCl$。平行测定 3 次,按式(4-16)计算本品含量:

$$w(\text{盐酸普鲁卡因}) = \frac{V \times F \times T \times 平均量}{m_s \times 标示量} \times 100\% \tag{4-16}$$

式中： V——供试品消耗滴定液的体积,单位为 mL;

F——滴定液浓度校正因子；

T——滴定度，单位为 g/mL；

m_s——供试品取样量，单位为 g。

计算时注意统一单位。

五、注意事项

（1）铂电极在使用前可用加有少量三氯化铁的硝酸或铬酸液浸洗活化。

（2）滴定时，电磁搅拌的速度不宜过快，以不产生空气漩涡为宜。

（3）永停滴定法确定终点的现象：滴定刚开始及离终点较远时，电流计指针不偏转或有偏转但立即又回到原点或原点附近；当滴定接近终点时，每加 1 滴亚硝酸钠滴定液都有较大的偏转，并且回到原点的速度减慢，但在 1 min 内不回到原点或原点附近。

六、思考题

（1）亚硝酸钠滴定法的基本原理是什么？

（2）影响重氮化反应速度的因素有哪些？

七、实训考评

注射用盐酸普鲁卡因的含量测定实训评价见表 4-4。

表 4-4　注射用盐酸普鲁卡因的含量测定实训评价参考表

评价内容	分　值	目标要求	得　分
实训态度	5	预习充分，实训认真，与他人合作良好	
仪器、试剂准备	5	准确选用仪器、试剂，数量足够但不多余	
亚硝酸钠滴定液的配制与标定	30	操作正确、熟练，判断正确	
含量测定	30	读数准确，操作熟练，计算正确	
操作现场整理	10	操作台面整洁，仪器洗涤干净，试剂及时归位	
数据记录及报告	20	记录完整，结果正确	
总　计	100		

目 标 检 验

一、填一填

1. 用玻璃电极和饱和甘汞电极测定溶液 pH 时，原电池的表示符号为 _____。

2. 永停滴定法中使用的电极是 _____，判断终点的方法为 _____。

3. 《药典》规定测定 pH 时所用的标准缓冲液有 _____、_____、_____、_____和 _____。

4. 玻璃电极在使用前必须将其玻璃膜在＿＿＿＿＿＿＿浸泡 24 h 以上。

二、选一选

1. 玻璃膜电极能测定溶液 pH 是因为(　　)。

A. 在一定温度下,玻璃膜电极的膜电位与试液 pH 呈直线关系

B. 玻璃膜电极的膜电位与试液 pH 呈直线关系

C. 在一定温度下,玻璃膜电极的膜电位与试液中氢离子浓度成直线关系

D. 在 25 ℃时,玻璃电极的膜电位与试液 pH 呈直线关系

2. 玻璃电极初次使用时,一定要先在(　　)中浸泡 24 h,目的在于活化电极。

A. $K_2Cr_2O_7$ 溶液　　B. $KMnO_4$ 溶液　　C. HNO_3 溶液　　D. 纯化水

3. 甘汞参比电极的电位随电极内 KCl 溶液浓度的增加而产生(　　)变化。

A. 减小　　　　　　　　　　B. 不变

C. 增加　　　　　　　　　　D. 两者无直接关系

4. 电位滴定法是向溶液中滴加能与待测物质发生化学反应的一定浓度的试剂,通过检测(　　)的变化确定滴定终点。

A. 电荷量　　　　　　　　　B. 电流

C. 指示电极电位　　　　　　D. 参比电极电位

5. 永停滴定法同电位滴定法一样也需要两支电极,这两支电极是(　　)。

A. 一支指示电极,一支参比电极　　B. 两支相同的玻璃电极

C. 两支离子选择电极　　　　　　　D. 两支相同的惰性电极

三、想一想

1. 什么是参比电极?试举一例。

2. 什么是指示电极?试举一例。

3. 永停滴定法指示终点的原理是什么?

四、算一算

1. 取磺胺嘧啶供试品 0.501 6 g,照永停滴定法(2015 年版《药典》通则 0701),用亚硝酸钠滴定液(0.100 2 mol/L)滴定至终点时消耗该滴定液 19.90 mL。已知每1 mL 亚硝酸钠滴定液(0.1 mol/L)相当于 25.03 mg 磺胺嘧啶,求磺胺嘧啶的百分含量。

2. 取苯巴比妥 0.214 6 g,用电位滴定法(2015 年版《药典》通则 0701)测定含量,滴定到终点时消耗硝酸银滴定液(0.100 5 mol/L)9.12 mL。已知每 1 mL 硝酸银滴定液(0.1 mol/L)相当于 23.22 mg 苯巴比妥,计算苯巴比妥的百分含量。

参考文献

［1］ 国家药典委员会. 中华人民共和国药典. 2015 年版. 北京:中国医药科技出版社,2015.

［2］ 曾娅莉. 仪器分析概论. 北京:中国医药科技出版社,2011.

［3］ 潘国石. 分析化学. 2 版. 北京:人民卫生出版社,2010.

［4］ 龚子东,柯宇新. 分析化学基础. 2 版. 北京:中国医药科技出版社,2016.

［5］ 高晓松,张惠,薛富. 仪器分析. 北京:科学出版社,2009.

［6］ 柯以侃. 紫外-可见吸收光谱分析技术. 北京:中国质检出版社,中国标准出版社,2013.

［7］ 王英健. 仪器分析. 北京:科学出版社,2010.

［8］ 朱明华,胡坪. 仪器分析. 4 版. 北京:高等教育出版社,2009.

［9］ 欧阳卉,唐倩. 药物分析. 3 版. 北京:中国医药科技出版社,2017.

［10］ 程云燕,李双石. 食品分析与检验. 北京:化学工业出版社,2007.

［11］ 国家药典委员会. 药品红外光谱集. 北京:中国医药科技出版社,2010.

［12］ 林瑞超. 现代仪器分析技术. 北京:化学工业出版社,2010.